Zur Erinnerung an Ihr Führungsforum im
September 2010.

Ihre persönliche Service-Idee haben Sie
sicherlich schon im Kopf.
Haben Sie noch Lust auf mehr?
Dann lade ich Sie mit diesem Buch zu einer
Entdeckungsreise ins Service-Universum ein.

Bestimmt finden Sie hier die eine oder andere
Inspiration, die Ihnen in Ihrem Führungsalltag
oder auch privat weiterhilft – meist sind es die
kleinen Dinge, die den großen Unterschied
machen. Und das Tag für Tag.

Herzlichst,

Ihre

Sabine Hübner

Service macht den Unterschied

Sabine Hübner

Service macht den Unterschied

Wie Kunden glücklich und Unternehmen
erfolgreich werden

REDLINE | VERLAG

Bibliografische Information der Deutschen Nationalbibliothek:
Die Deutsche Nationalbibliothek verzeichnet diese Publikation in der Deutschen Nationalbibliografie;
detaillierte bibliografische Daten sind im Internet über http://d-nb.de abrufbar.

Für Fragen und Anregungen:
huebner@redline-verlag.de

© 2009 Redline Verlag, ein Imprint der FinanzBuch Verlag GmbH, München
Nymphenburger Straße 86
D-80636 München
Tel.: 089-651285-0
Fax: 089-652096

Redaktion: Leonie Zimmermann, Landsberg am Lech
Umschlaggestaltung: Thomas Uhlig, www.coverdesign.net
Umschlagabbildung: anja wechsler – fotografie
Satz: Manfred Zech, Landsberg am Lech
Druck: GGP Media GmbH, Pößneck
Printed in Germany

ISBN 978-3-86881-044-8

Weitere Infos zum Thema

www.redline-verlag.de
Gern übersenden wir Ihnen unser aktuelles Verlagsprogramm.

Inhaltsverzeichnis

Einleitung:
Brillanter Service

Auffallend anders –
überraschend besser

> »You can dream, create and build the most wonderful place in
> the world, but it requires people to make the dream reality.«

Walt Disney

Ihr Leben könnte so leicht und angenehm sein. Stellen Sie sich doch einmal ein Reisebüro vor, das sich während Ihres Urlaubs um Ihre Post kümmert und Ihren Rasen mähen lässt. Stellen Sie sich eine Telefongesellschaft vor, die aus freien Stücken den für Sie perfekten Tarif ausrechnet und Ihnen pro-aktiv eine Vertragsänderung anbietet. Stellen Sie sich vor, dass Ihr Lieblingsrestaurant anruft, wenn Ihre Leibspeise wieder auf der Speisekarte steht, dass der Blumenladen sich meldet, um Sie an Ihren Hochzeitstag zu erinnern und dass der Möbelmonteur fragt, wann er vorbeikommen darf, um bei Ihren neuen Büromöbeln die Schrauben nachzuziehen. Und? Träumen Sie schon? Oder denken Sie: So ein Quatsch, das geht doch gar nicht!

Aus Ihrer Erfahrung wissen Sie wahrscheinlich genau, was im Bereich Service gar nicht geht. Faktisch. Dabei müsste das nicht so sein. Theoretisch. In vielen Unternehmen will das aber natürlich keiner wahrhaben. Manchmal habe ich den Eindruck, dass sich Mitarbeiter auf das Thema Service genau so begeistert stürzen wie auf Vorsorgetermine beim Zahnarzt: Alle reden davon, aber keiner geht hin. Merkt ja keiner. Erst langfristig, vielleicht. Und bis dahin dauert es ja noch lange, hoffentlich.

Dabei macht perfekter Service nicht nur den Kunden Spaß, sondern – wenn sie den Dreh erst einmal raushaben – auch den Unternehmen. Und zwar jedem einzelnen Mitarbeiter. Perfekter Service ist nämlich viel mehr als die lästige Pflichtübung, ein in Massen produziertes Betthupferl auf dem Hotel-Kopfkissen zu platzieren, und etwas ganz anderes als die obligatorische Weihnachtsweinflasche, die Mitte Dezember allüberall den Posteingang verstopft.

Überraschung!

Perfekter Service wirkt auf Kunden wie eine Überraschungsparty: Sie rechnen überhaupt nicht damit, sind anfangs vielleicht irritiert, letztendlich aber einfach nur glücklich – und können gar nicht genug davon bekommen. Auf die Unternehmen wirkt dieser Effekt zurück. Haben Sie einmal eine Überraschungsparty organisiert, die richtig gut gelungen ist? Dann wissen Sie, wie gut sich das anfühlt. Ein ähnliches Gefühl muss der Apfelbaum-Bankberater gehabt haben – für mich ein Musterbeispiel für auffallend anderen, überraschend besseren Service.

Banker in Gummistiefeln

Überraschend steht der Bankberater in Gummistiefeln vor der Haustür seines Kunden, gratuliert zum Einzug. Er hat einen Spaten und ein kleines Apfelbäumchen mitgebracht, das er höchstpersönlich im Garten seines Kunden einpflanzen möchte. Gemeinsam sucht er mit dem Hausherrn eine schöne Stelle für den Baum aus, dann hebt er ein Loch aus und gräbt den Wurzelballen tief in die Erde ein. »Ich wusste gar nicht, dass Sie auch so etwas können!«, sagt der Kunde, als beide Männer das Bäumchen feierlich gießen – und sich dabei auch selbst ein Feierabend-Getränk genehmigen.

In den kommenden Monaten beobachtet die Familie des Hausbesitzers gemeinsam, wie der Apfelbaum wächst und gedeiht. Sie zeigt das Bäumchen ihren Besuchern, erinnert sich an die schöne Überraschung – und an die kompetente Finanzierungsberatung der Bank, die sie selbstverständlich weiterempfiehlt. Jahre später trägt der Baum Früchte, und als die Familie den Ausbau des Daches in Angriff nimmt, wendet sie sich selbstverständlich wieder an ihren Banker in Gummistiefeln.

Service-Ideen dieser Art gehört die Zukunft. Sie sind innovativ, intelligent und individuell – und überhaupt nicht zu vergleichen mit billigen, aufdringlichen Logo-Kugelschreibern, die meist schon nach kurzer Zeit schäbig aussehen, streiken und in den Müll wandern. Service-Ideen dieser Art sind nicht »von der Stange« zu haben, sondern meist dem Engagement der eigenen Mitarbeiterinnen und Mitarbeiter zu verdanken.

Smart statt teuer

Auffallend guter Service überrascht die Kunden immer wieder, ohne dass sich der Effekt abnutzt. Es muss nicht gleich die ganz große Sause sein, sondern das smarte Extra – ein kleines Bäumchen für rund 15 Euro –, das der Kunde nicht erwartet.

Dabei gilt: Es gibt Services, die für den Kunden ein Geschenk sind, wie das Apfelbäumchen. Und dann gibt es natürlich auch kostenpflichtige Service-»Leistungen« (das klingt gleich schon ein wenig nach Krankenkassenabrechnung), ergänzend zu einem Produkt oder einer Dienstleistung.

> ### Kinderland und Küchenplanung – alles kostenlos
>
> IKEA macht vor, wie sich das eine ganz wunderbar vom anderen abgrenzen lässt: Die Kinder können **kostenlos** mit Pippi Langstrumpf im »Småland« spielen, während sich die Einrichtungsberaterin **kostenlos** mehrere Stunden Zeit nimmt, ihren Kunden die Vor- und Nachteile hochglänzender Schranktüren nahezubringen. Wenn diese sich die Glanzschrankwand nach Hause bringen und montieren lassen wollen, müssen sie das allerdings bezahlen. Hier verlassen sie die schöne Service-Oase und betreten den Dienstleistungssektor – was ihnen nichts ausmacht, weil sie es dank kluger IKEA-Kommunikation vorher wussten.

Ob Kunden einen Service in guter Erinnerung behalten, hängt aber gar nicht davon ab, ob sie etwas dafür zahlen müssen. Kunden schauen auf die **Servicequalität** – also darauf, **wie** eine Service- oder Dienstleistung erbracht wird.

Auf dem Weg zur Service-Oase

Rund 70 Prozent der Beschäftigten in Deutschland arbeiten im Sektor Dienstleistung; sie erwirtschaften rund 70 Prozent der Bruttowertschöpfung. Rein statistisch könnten wir also längst in einer bundesweiten Service-Oase angekommen sein – aber wir sind es nicht. Wenn der Kunde an der Hotline zappelt oder sich die Füße am Schalter platt steht, dann klebt er nach wie vor an der Rolle des untertänigen Bittstellers. Er wird gebeutelt von unmotiviertem Personal, geknebelt von kostenfixierten Managern und in die Ecke gedrängt von fantasielosen Standardprodukten. Ein König jedenfalls ist er nicht.

Schimmel-Ex für Ex-Ämter

Besonders schlimm empfinden Kunden die Unternehmen, die viele Jahre lang ohne echten Wettbewerbsdruck gearbeitet und in dieser ruhigen Zeit Amtsschimmel angesetzt haben: Dazu gehören Unternehmen des Postgewerbes, einige Krankenkassen, Fernsprechanbieter und Energieversorger. Viele geben sich Mühe, besser zu werden. Das gilt auch für die wirklichen Ämter in Deutschland, die jetzt gar nicht mehr Ämter heißen wollen (erinnern Sie sich noch an das Arbeitsamt?) und viel Energie in besseren Service stecken.

Insgesamt aber scheint die größte Dürre in Deutschlands Service-Wüste überstanden zu sein – das zeigt der jüngste **Allensbacher Dienstleistungsindex,** der die Summe von Lob und Tadel der Bevölkerung gegenüber 21 Dienstleistungsbereichen anzeigt. 2002 stand dieser Index bei 504 Punkten, 2008 wanderte er auf einen Höchststand von 735 Punkten. Am besten beurteilt werden die Apotheken als Dienstleister, gefolgt von den Friseuren und den Bäckereien. Am schlechtesten kommen die Deutsche Bahn und die Telekom weg.

FRAGE: »Hier auf diesen Karten stehen ganz verschiedene Dienst-
leistungsbereiche. Wo, glauben Sie, ist der Service gut, in welchen
Bereichen ist er schlecht?« *(Vorlage eines Kartenspiels)*

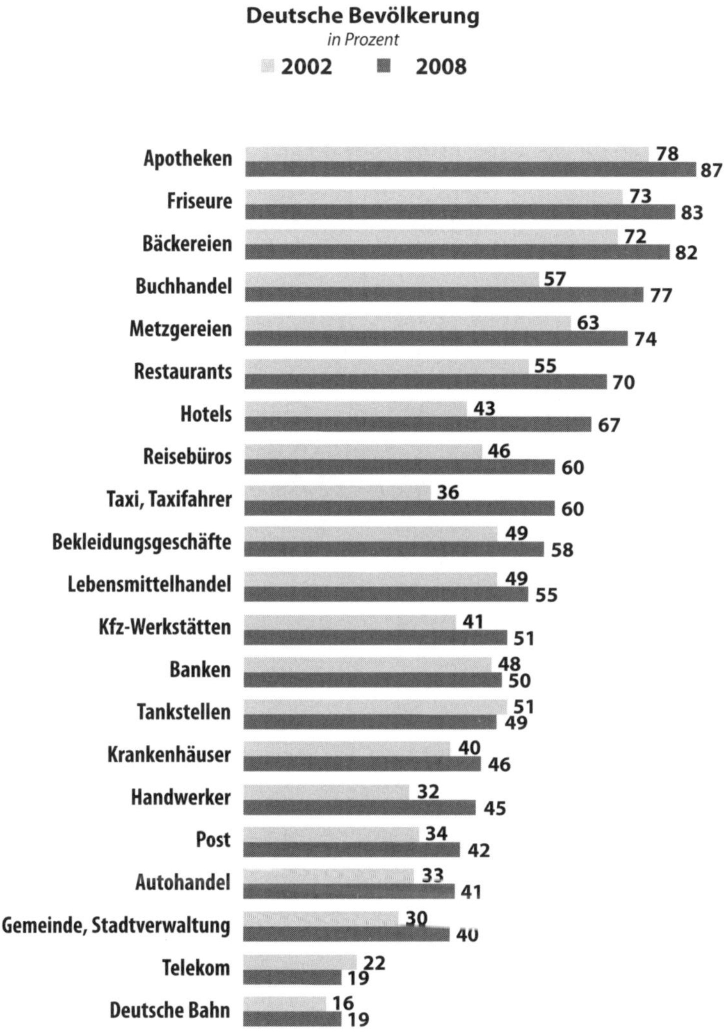

Deutsche Bevölkerung
in Prozent

Bereich	2002	2008
Apotheken	78	87
Friseure	73	83
Bäckereien	72	82
Buchhandel	57	77
Metzgereien	63	74
Restaurants	55	70
Hotels	43	67
Reisebüros	46	60
Taxi, Taxifahrer	36	60
Bekleidungsgeschäfte	49	58
Lebensmittelhandel	49	55
Kfz-Werkstätten	41	51
Banken	48	50
Tankstellen	51	49
Krankenhäuser	40	46
Handwerker	32	45
Post	34	42
Autohandel	33	41
Gemeinde, Stadtverwaltung	30	40
Telekom	22	19
Deutsche Bahn	16	19

Quelle: Allensbacher Archiv, IfD-Umfragen, April 2008

Abb. 1:   Urteile über Dienstleister (»Hier ist der Service gut.«)

Beste Service-Noten für Hoteliers, Taxifahrer und Buchhändler

Im Laufe der vergangenen sechs Jahre sind die von Allensbach befragten Menschen vor allem zufriedener geworden mit dem Service von Hoteliers, Taxifahrern und Buchhändlern. Mit Blick auf die Hotels hatten 2002 nur 43 Prozent gesagt: »Hier ist der Service gut«, inzwischen sagen das 67 Prozent. Die Taxifahrer bekamen 2002 nur von 36 Prozent der Befragten die Note »gut«, im Jahr 2008 von 60 Prozent. Der Buchhandel konnte im selben Zeitraum seine guten Benotungen von 57 auf 77 Prozent steigern, die Restaurants von 55 auf 70 Prozent.

Ideen, die begeistern

Was wir brauchen, ist eine völlig andere Service-Stimmung im Land. Wir brauchen Unternehmer und Mitarbeiter, die von Herzen Lust auf Service haben. Wir brauchen brillante Ideen und aktive Menschen, die alles daransetzen, ihre Einfälle umzusetzen. Auch wenn sie zunächst auf Widerstand stoßen – was völlig normal ist. Musterbrecher stoßen immer auf Widerstand. »Das haben wir ja noch nie so gemacht!«, heißt es dann. Oder: »Wer soll das denn bezahlen?« Oder: »Die Kapazitäten haben wir gar nicht!« Oder: »Der Verwaltungsaufwand wird uns das Genick brechen.«

Service braucht Mut

Erinnern Sie sich an Ulrike Meyfarth, die 1972 rückwärts und kopfüber über die Hochsprunglatte flog? Sie hat sich nicht das Genick gebrochen, sondern wurde mit nur 16 Jahren Olympiasiegerin. Erst nach 1980 – also fast zehn Jahre später – setzte sich die von ihr praktizierte Technik (»Fosbury-Flop«) durch. Manchmal dauert es eben Jahre, bis eine gute Idee in den Köpfen der Menschen ankommt. So ein Musterbruch muss emotional erst einmal verarbeitet werden.

Service macht (erfolg-)reich

Ich schreibe dieses Buch, um Ihnen Mut zu machen. Seien Sie anders als andere, seien Sie besser! Setzen Sie auf Service! Sie werden sehen, wie viel Spaß es Ihnen und Ihren Kunden macht. Die emotionale »Ernte« können Sie sofort einfahren: Perfekter Service begeistert. Gönnen Sie sich dieses Erlebnis. Und auf lange Sicht werden Sie sehen, dass sich Ihre Service-Ideen zudem in Ihren Bilanzen niederschlagen. Perfekter Service kann Sie nämlich nicht nur erfolgreicher machen, sondern auch ein bisschen reicher. »Geht doch gar nicht!«, denken Sie? »Geht doch!«, sage ich. Und damit Sie mir das glauben, habe ich dieses Buch so aufgebaut:

Im ersten Teil zeige ich Ihnen, wie Sie zufällige Service-Anwandlungen in Ihrem Unternehmen in einen strukturierten Service-Plan verwandeln können. Wie finden Sie heraus, was den Kunden glücklich macht? Was ist perfekter Service? Wie wirkt perfekter Service? Wie könnte Ihr Service-Plan aussehen?

Teil zwei stellt Ihnen vor, wie Sie Service-Kultur leben können. Wie erwecken Sie diese zum Leben? Wie können Sie das Feuer langfristig lodern lassen? Und wie können Sie Ihre Service-Qualität messen?

Der dritte Teil zeigt Ihnen, dass Service ganz klar zu wirtschaftlichem Erfolg führt. Hier öffnen wir gemeinsam die Werkzeugkisten der Public Relations, des Vertriebs und des Controllings. Konkret erfahren Sie, wie Sie Ihren Service im Markt geschickt kommunizieren können und wie sich Service vermarkten lässt. Vor allem aber können Sie lesen, warum Service nicht Geld kostet, sondern Geld bringt.

Erfolgsbeispiele, die Lust auf Service machen

Maikäfer pumpen sich auf, bevor sie losfliegen. Und bevor wir richtig ins Thema Service einsteigen, möchte ich mit Ihnen etwas Ähnliches tun, um Ihnen Lust auf Service zu machen. Über Jahre habe ich überraschende, geradezu perfekte Service-Ideen gesammelt, von denen ich Ihnen hier einige vorstellen möchte. Ich hoffe, Sie werden sich durch die Geschichten beflügelt fühlen!

Brillentaxi

Eine Brille wechselt man nicht so häufig wie eine Krawatte. Umso wichtiger ist es, dass man sich in Ruhe für ein Modell entscheiden kann. Ein Krefelder Optiker bietet seinen Kunden deshalb an, dass sie eine Brillenauswahl mit nach Hause nehmen können. Wenn die neue Brille dann mit individuellen Gläsern ausgestattet ist, bringt ein Mitarbeiter diese auf Wunsch dem Kunden nach Hause, und passt sie dort professionell an. (www.diebrille-krefeld.de)

Demokratische Innovation

Der amerikanische Büroartikelhändler Staples schrieb einen Kundenwettbewerb aus. Gesucht wurden neue Produktideen. Laut Michael Collins von der Agentur Big Idea Group gingen insgesamt 8.300 Vorschläge ein. Ein Ergebnis war »Wordlock« – ein Zahlenschloss, das nicht mit Zahlenkombinationen arbeitet (die man sowieso vergisst), sondern mit Buchstabenkombinationen (sodass man kurze, gedächtnisfreundliche Worte einstellen kann). Wer das für eine unsichere Sache hält, hat unrecht: Je nach Modell gibt es 10.000 oder 100.000 Kombinationen. Staples brachte Wordlock 2005 auf den Markt und hatte damit ein neues Produkt, das, von den eigenen Kunden erdacht, einen echten Mehrwert bietet. (www.wordlock.com)

Eltern als Berater

»Von Eltern gedacht – für Eltern gemacht!«, dieses Motto hat sich das auf Kinderprodukte spezialisierte Versandhaus Jako-o auf die Fahnen geschrieben. »Bei uns sind Eltern beschäftigt, die daran arbeiten und sich austauschen, wie man Produkte besser, praktischer, schöner, erschwinglicher machen kann«, erklärt Geschäftsführerin Bettina Peetz ihr Konzept. (www.jako-o.de)

Wäsche wie von Mutti

Cleenbox ist ein bundesweiter Wäscheservice mit Hol und Bringservice. Kunden packen ihre Schmutzwäsche einfach unsortiert in eine Box, DHL holt die Box ab und bringt die Wäsche sauber und gebügelt wieder zurück – auf Wunsch auch zur rund um die Uhr zugänglichen DHL-Packstation. Der formale Aufwand ist denkbar gering: Die Wäscheboxen kommen mit vorfrankierten Rücksendescheinen. Und die Bezahlung läuft über »virtuelle Waschmarken«: Eine Marke deckt den Transport, das Waschen, das Bügeln und das Verpacken des gesamten Boxinhaltes ab. Wenn alle Marken verbraucht sind, kauft das System automatisch neue Marken nach. (www.cleenbox. de)

Steuerbüro auf Rädern

Die Steuererklärung zählt für die meisten Menschen wohl nicht zu dem, was sie am liebsten tun. Viele zögern deshalb die Abgabe wichtiger Unterlagen bis zur letzten Sekunde hinaus und schieben auch Termine bei ihrem Steuerberater gern auf. Laut Manuela Maurer, Inhaberin des Internetportals STB Web, können Steuerberater ihre Mandanten und sich selbst das Leben leichter machen, wenn sie einen Abhol- oder Vorort-Service für die Buchhaltung anbieten. (www.stb-web.de)

Umzugsservice für Senioren

Karen Pretzer aus Bremen organisiert seit 1998 Umzüge für Menschen ab dem 60. Lebensjahr: Handwerker messen die neue Wohnung aus, transportieren die Möbel und helfen beispielsweise dabei, einen rutschfesten Teppich für das neue Zuhause zu kaufen. Freie Mitarbeiter unterstützen die Senioren außerdem bei Behördengängen, melden Post und Telefon um und stellen nach dem Einzug sogar wieder die gewohnten Fernsehprogramme ein. Karen Pretzer hat ihre Service-Idee als Franchise-Konzept umgesetzt (SUS Franchise GmbH) – ihre Idee erwies sich aber als so gut und zugleich als so leicht zu kopieren, dass mittlerweile überall in Deutschland Nachahmerkonzepte entstanden sind.

Zwei Wochen Probesitzen

Gute Bürostühle sind teuer. Und wer versehentlich den falschen ausgewählt hat, ärgert sich jahrelang über Rückenschmerzen und eingeschlafene Beine. Deshalb bieten einige Büroausstatter ihren Kunden an, den ausgewählten Bürostuhl 14 Tage zu testen – kostenlos und völlig unverbindlich. (Beispiele: www.printservice-edv.de oder www.office-master.eu)

Leichter Reisen (1)

Hotels der Kette Sheraton versprechen ihren Kunden: »Die schweren Zeiten sind vorbei!« Wenn Kunden häufiger im gleichen Hotel übernachten, müssen sie jetzt nicht mehr ihre Koffer mitschleppen. Das Hotel bewahrt Gepäck und Kleidung bis zu 60 Tage auf. Kommt der Kunde wieder, hängen seine Sachen auf Wunsch gereinigt und gebügelt im Schrank. (http://www.starwoodhotels.

com/promotions/promo_landing.html?category=SI_TRAVELITEUS&EM=VTY_
SI_traveliteus)

Leichter Reisen (2)

Der »Whatever/Whenever«-Service der Kette W Hotels lässt Koffer in Kooperation mit Luggageforward von zu Hause abholen und direkt in das
Hotelzimmer liefern – an welchem Standort auch immer. So braucht sich
der Gast um Einchecken, Gepäckausgabe und Zollformalitäten nicht mehr
zu kümmern. Das Gepäck wird durch das Personal nachverfolgt. Sobald
es im Hotel eingetroffen ist, erhalten die Reisenden eine Bestätigung per
E-Mail.   (www.starwoodhotels.com/whotels/experience/services/detail.
html?service=Luggage_Forward und www.luggageforward.com/whotels)

Reisen für die Katz

Die Hotelkette Starwoods möchte auch Hunden und Katzen einen angenehmen Aufenthalt bereiten. Für mitreisende Vierbeiner gibt es daher
eigene Körbchen, Fress- und Trinknäpfe, Spielzeuge, Halsbandanhänger,
Leinen, Überraschungspakete – und Geburtstagskuchen. Zusätzlich können Services wie Hunde-Sitting, Spaziergänge oder Pflegesalontermine
gebucht werden. (www.starwoodhotels.com/whotels/experience/servi-
ces/detail.html?service=PAW)

Salsa und Sirtaki

Im Sommer 2008 haben die Pariser Flughäfen Orly und Roissy Tanzkurse
für Urlaubsreisende angeboten, um ihnen die Wartezeit angenehmer zu
gestalten – und um ihr Image (Zitat Michel-Yves Labbé, Director des franzö-
sischen Reiseveranstalters Directours: »Charles de Gaulle ist wie ein Dritte-
Welt-Flughafen.«) aufzubessern. Die Passagiere konnten den Kurs je nach
Urlaubsziel auswählen: Salsa-Grundschritte für den Kuba-Urlaub, ein paar
Hip-Hop-Moves vor dem New-York-Flug oder ein Schnellkurs in Sirtaki für
den Griechenland-Aufenthalt   insgesamt standen 15 Kurse zur Auswahl,
für jedes Urlaubsziel den passen Tanz. (www.sueddeutsche.de/panora-
ma/232/446967/text/)

Einfacher Autos mieten

Mit einem »Mobile-Check-In« ermöglicht die Autovermietung Sixt ihren
Kunden das schnelle und unkomplizierte Buchen eines Mietwagens. Diese
müssen lediglich vier Stunden vor Fahrtbeginn per Telefon ihre Kunden-

und Kreditkartennummer angeben und bekommen dann an der Sixt-Zielstation direkt aus dem Schlüsselsafe die Wagenschlüssel und eine Wegbeschreibung zum Fahrzeug. (http://ag.sixt.de/sixt-autovermietung/services/sixt-express-service/)

Schneller zum passenden Outfit

Das Modehaus Breuninger bietet einen kostenlosen Personal Shopping Service an. Modeberater sprechen mit ihren Kunden am Telefon über Konfektionsgröße, Stilvorlieben, Farbvorstellung oder Anlass und stellen eine Vorauswahl an Komplett-Outfits inklusive Accessoires zusammen, welche die Kunden dann in Ruhe anprobieren und aussuchen können – mit Espresso oder Champagner. An einigen Standorten holt der hauseigene Breuninger Shuttle Service die Kunden sogar zum persönlichen Shopping-Termin ab. (www.e-breuninger.de/flagship/premium/special-service.html)

Haare schneiden auf der Harley

Kleine Kinder gehen nicht gern zum Friseur. Gezappel und Geschrei sind an der Tagesordnung. Darauf hat ein Frankfurter Friseursalon mit einem speziellen Service reagiert: Montag ist Kindertag. Der gesamte Salon wird in ein buntes Kinderparadies verwandelt. In der Mitte steht ein prachtvolles Kindermotorrad als Friseurstuhl für die Kleinsten. Es lässt sich drehen und in der Höhe verstellen – was die Kinder so toll finden, dass sie ihren Friseurtermin kaum abwarten können und nach dem Haareschneiden nicht mehr nach Hause gehen wollen. (Friseur Nuhr, Jahnstraße, Frankfurt am Main)

Weitere Service-Ideen

➤ **Friseure**: Telefonische Betreuung der Kunden nach dem Haarschnitt.

➤ **Autohäuser**: Öffnungszeiten rund um die Uhr, Check und Reparatur über Nacht.

➤ **Service für High Performers**: Im Büro steht eine Hauswirtschafterin zur Verfügung, die Hemden bügelt, Anzüge reinigen lässt und bei Bedarf Kühlschrankfüllungen besorgt.

➤ **Airlines und Bahn**: Individualbetreuung für allein reisende Kinder.

Ich habe einen Traum …

Martin Luther King sagte in seiner berühmten Rede 1963 nicht, »Ich habe eine Strategie mit sieben Schritten«. Er sagte »I have a dream« (»Ich habe einen Traum«). Er bewegte die Herzen seiner 250.000 Zuhörer und brachte einen Stein ins Rollen, der sich nicht mehr aufhalten ließ. Ich habe auch einen Traum. Die politische Relevanz ist eine andere, das ist klar. Aber ich wünsche mir, dass auch mein Traum einen Anstoß geben kann:

Ich habe den Traum, dass Unternehmen eines Tages ihre Möglichkeiten nutzen, um ihren Kunden das Leben leichter zu machen.

Ich habe den Traum, dass besserer Service uns insbesondere von den Mühen rund um das Einkaufen, das Reisen, den Haushalt und das Auto befreit.

Ich habe den Traum, dass Unternehmen eines Tages den Mut haben, ihre Kunden mit individuellen und innovativen Konzepten zu überraschen.

Ich habe den Traum, dass dies eine hohe Emotionalität und Loyalität zu Unternehmen auslöst – statt nur Preisloyalität.

Ich habe diesen Traum und bin überzeugt davon, dass er Realität werden kann.

Teil 1:
Vom Zufall
zum Service nach Plan

Paradoxien des modernen Konsums

Schade: Den »Kunden an sich« gibt es nicht mehr. Aldi-Kunden fahren einen Audi TT und Golf-Spieler verspeisen heute ein Sieben-Gänge-Menü vom Sternekoch und morgen Pizza Quattro Stagioni von Joey's – um mit Klischees zu beginnen. Das Konsumverhalten der Deutschen passt nicht mehr in Schubladen: Typologien wie »der gehobene Kunde« haben ausgedient, klare Präferenzmuster lassen sich nicht mehr erkennen, manchmal will der Kunde Service (zum Beispiel beim Friseur) und manchmal auch nicht (beim Discounter). Unternehmen müssen lernen, situativ und in Paradoxien zu denken, um ihre Kunden zu verstehen. (Und das soll mal einer verstehen.)

»Der Kunde will sowieso nur billig« – und andere Irrtümer

Was war die Geiz-ist-geil-Ära doch für eine schöne Zeit. Da wusste man wenigstens, was man wettern konnte: »Der Kunde guckt nur auf den Preis!« »Die Preisfixierung ist unmoralisch, ist nicht nachhaltig, macht den Markt kaputt!« »Schnäppchenhits werden mit der systematischen Verletzung von Arbeits- und Frauenrechten bei globalen Zulieferern erkauft!«[1] Nun aber sagen uns die Marktforscher: Die Geiz-ist-geil-Ära ist vorbei![2] Der Kunde wolle jetzt vor allem eines: Sinn!

Der Kunde will Sinn

Jahrelang habe die alte Maxime gegolten, »dass die Konsumenten hungrige Konsumenten sind, die raffen, kaufen und immer mehr haben wollen«, weiß Eike Wenzel, Mitglied der Geschäftsleitung des Kelkheimer Zukunftsinstituts. Damit sei seit Beginn des 21. Jahrhunderts Schluss. »Die Verbraucher werden in den nächsten Jahren radikal das einfordern, was ihnen wichtig ist, und das sind in der Regel immaterielle Güter: mehr Zeit, mehr Lebensqualität, mehr Organisation, mehr Hilfe.«[3]

Na bitte: Die Kunden wollen Service! Aber nur solchen, der auch etwas taugt. Denn Kunden lassen sich nicht mehr so leicht verführen. Sie fühlen sich von vielen Botschaften, Produkten und Diensten entweder veräppelt oder bevormundet.[4] Der moderne Kunde ist smart. Er ist vielleicht der smarteste, den es je gab – und er akzeptiert nur einen entsprechend smarten Service. Spam klickt er weg. Zack.

Der Kunde will Gemeinschaft

Die Deutschen finden sich gern in Gemeinschaften zusammen: 36 Prozent aller Bürger ab 14 Jahren machen in Vereinen oder Projekten mit[5], Tendenz steigend: Rund zweieinhalb Millionen singen in ihrer Freizeit in einem Chor[6] und rund eine Million tummelt sich in Kleingartenvereinen.[7] Daneben wachsen die virtuellen Gemeinschaften: Auf Plattformen wie XING, Stayfriends, Facebook und, ein jüngeres Phänomen, Twitter, wird eifrig genetzwerkt und gezwitschert. Für unser Thema noch interessanter sind Beispiele wie folgendes:

Mit Nike auf dem Laufenden

Mit dem *Nike-Plus-Chip* können Läufer ihre Trainingsdaten ins Internet einspeisen, Wettbewerbe organisieren und sich miteinander vernetzen. Mit dieser Idee ist nikeplus.com binnen eines Jahres zur größten Lauf-Community im Internet geworden. »Nike hat die Marke zum Portal gemacht – **weg vom Produkt, hin zur Dienstleistung**«, kommentiert Eike Wenzel, Mitglied der Geschäftsleitung des Zukunftsinstituts, Kelkheim.[8]

Der Kunde will Nachhaltigkeit

Eng verbunden mit der Sinnfrage ist das ernste Thema Nachhaltigkeit (für das es kein besseres Wort gibt). Ja, es ist so weit: Die Neo-Ökos sind da. Sie wollen Produkte und Dienstleistungen, die Mensch, Tier und Umwelt nicht ausbeuten. Sie wollen alles ethisch korrekt, ökologisch korrekt, auch Services. Dieses neue Grün darf ruhig auch ein wenig elitär sein. Allerdings machen die LOHAS (Lifestyle Of Health And Sustainability) mehr Wind in den Medien als in der Realität. Die Nachhaltigkeitsorientierung hat nämlich die gesellschaftliche Mitte längst erreicht. Hier allerdings geht es eher um Werte wie Gesundheit, Vertrauen, Glaubwürdigkeit.[9] Unternehmen, die auf grüne Zielgruppen setzen, müssen das wissen, um in ihren Service-Konzepten für die bürgerliche Mitte Political Correctness und Exklusivität nicht zu hoch zu dosieren.

Der Kunde will Gefühl

Der Kunde mag zwar zum Smart Shopper avanciert sein, gefühlskalt ist er deshalb aber noch lange nicht. Im Gegenteil: Laut dem Potsdamer Serviceforscher Dirk Zimmermann will er »die individuelle Note in kleinen Dingen, die ein echtes Engagement und Commitment des Anbieters zum Ausdruck bringen«.[10] Dann fühlt er sich wertgeschätzt – und dieses Gefühl ist so stark, dass es andere Faktoren wie etwa den Preis in den Hintergrund drängt.

Bloß nicht scheel gucken

Deshalb sind schielende Steiff-Bären ein Problem. Sie gucken einfach nicht so nett, wie Bären mit ordentlich eingenähten Augen und dann mag sie auch keiner kaufen. Aus diesem Grund lässt die Stuttgarter Plüschtierfirma Steiff ihre Teddys wieder in Deutschland nähen. Die chinesischen Fabriken mit ihrer hohen Personalfluktuation haben den treuherzigen Bärenblick nicht zuverlässig genug hingekriegt.[11]

> Ähnlich problematisch ist es, wenn ein Bankberater seinen Kunden schief anguckt – und sei es nur ein Versehen. Denn Bankkunden sind viel emotionaler, als man das für möglich halten würde. Bei der Wahl ihres Geldinstituts geht es ihnen um eine »gefühlt gute Beziehung«, so das Ergebnis einer tiefenpsychologischen Studie, die im Auftrag der comdirect bank durchgeführt wurde. Dem Kunden gehe es nicht nur um Geld, sondern um Werte wie Vertrauen oder um das Gefühl, ernst genommen zu werden, manchmal auch um Prestige.[12] Wenn etwas passiert, das der Kunde als »Treuebruch« empfindet, dann sucht er sich eine neue Bankbeziehung.

Aus der Hirnforschung weiß man mittlerweile auch, dass viele Entscheidungen unbewusst ablaufen und **nachträglich** von der Ratio als »i. O.« abgehakt werden. Forscher der Queen's University School of Business in Kingston, Kanada, haben herausgefunden: Wer beim Einkaufen auf sein Gefühl hört, ist zufrieden mit seiner Entscheidung, auch wenn andere Produkte ojektiv besser abschneiden. In einem Experiment hatten die Testpersonen die Wahl zwischen einem technisch besseren CD-Player, der mit Schlechte-Laune-Musik bestückt war, und einem technisch schlechteren Gerät mit Gute-Laune-Musik. Die Probanden entschieden sich für das Gerät mit der guten Musik und hielten an ihrer Entscheidung fest, auch als sie erfuhren, dass ihre Entscheidung durch die Musik beeinflusst worden war.[13]

Es geht eben nicht mehr nur um die Qualität der Produkte, sondern um Emotionen: das Gefühl, etwas Besonderes ausgesucht zu haben, etwas besonderes Stimmiges. Etwas, das »ganz doll ICH ist« (frei nach einem Ohrwurm aus den 1980er Jahren).[14]

Der Kunde will Luxus *und* Schnäppchen

Neben all diesen schönen, guten Werten und der Rückbesinnung auf den großen Sinn treiben immer noch zwei weitere Motive zum Konsum: das Schnäppchen und der Distinktionsgewinn. Will heißen: Entweder man kauft billig bei H&M, eBay oder auf dem Flohmarkt oder man gönnt sich den feinen Unterschied aus der exklusiven Boutique. Die Riege der Smart Shopper verbindet beides: Sie pilgert vom Outletstore zum Schlussverkauf und wieder zurück, um teure Marken billig zu hamstern.

So ist es, das Leben in Paradoxien. Schwer zu verstehen. Kein Wunder, dass viele Unternehmen nicht mehr in der Lage sind (oder keine Lust haben), sich die Welt (vor allem ihr eigenes Unternehmen) durch die Brille ihrer Kunden anzugucken. Es reicht ihnen, in das Portemonnaie der Kunden zu schauen.

Die Kundensicht aus den Augen verloren

Umsatz und Gewinn gelten als wichtigste Kennzahlen überhaupt. Das sind die Fakten. Da müssen die knallharten Betriebswirte ran, die Controller und Strategen. Kundenbeziehungen und Service? Die Themen werden in vielen Unternehmen als Softie-Themen wahrgenommen, als etwas für die Jungs und Mädels in den hinteren Reihen. Der US-amerikanische Wirtschaftsautor und Wirtschaftsstratege Fred Reichheld sieht das jedoch völlig anders: »Viele Unternehmen betrachten ihre **Kunden als Gegner, die sie möglich stark bedrängen, ›melken‹ und manipulieren müssen**. (…) Kunden sind nur ein Mittel zum Zweck – Brennstoff für den Ofen, in dem herausragende Gewinne geschmiedet werden.«[15]

Service am Thema vorbei

Wer so denkt, der denkt schnurstracks am Kunden vorbei – und das auch noch in böser Absicht. Oftmals denken Unternehmen (konkreter: die verantwortlichen Manager) aber auch gar nicht, weil sie sich in ihren eigenen Routinen verfangen haben und darüber »mindless« geworden sind. Dazu gibt es eine erschreckende Zahl von Beispielen:

Spurlos

Einem Logistikanbieter fiel eine besondere Garantieleistung ein: Für den Fall, dass ein Paket nicht ausgeliefert würde, wollte er den Preis zurückzahlen. Die Kunden konnten mit diesem Service nichts anfangen. Sie wollten lieber eine Garantie dafür, dass das Paket ankommt.

Tarifdschungel

Das Lufthansa-Tarifsystem wurde Ende 2002 auch bei der Bahn eingeführt mit dem Ziel, die Nachfrage nach Tickets im Fernverkehr über den Preis zu steuern. Frühbucher sollten billiger fahren dürfen – das war der Service-Gedanke dahinter. Leider ging der Schuss nach hinten los: Das neue System macht Bahnfahrer so unflexibel, dass sie im Zweifelsfall eher auf das Auto umsteigen.

Haste mal 'nen Euro?

An einigen Flughäfen müssen Reisende eine Euro-Münze parat haben, um einen Caddy für ihren Koffer benutzen zu können. Sehr unpraktisch, wenn man zum Beispiel gerade aus Ghana kommt.

Brotlos

Zahlreiche Versicherungen schicken in schöner Regelmäßigkeit Zusatzangebote für Kinder an kinderlose Kunden. Oder Zahnzusatzversicherungen an zahnlose Kunden. Oder Zusatzversicherungen für Boote an bootlose Kunden.

Schauen Sie sich selbst einmal um: Überall finden Sie Beispiele für gedankenlosen Service.

Den Kunden verstehen

Natürlich geht es auch ganz anders und viel besser. Zum Beispiel in Ahrensburg bei einer Firma, ohne deren Produkte kein Meeting und keine Graffiti-Convention mehr denkbar ist: Edding.

Worauf es ankommt, ist gar nicht so sehr die pfiffige Idee für die zigste Filzstiftsorte. Was den Unterschied macht, ist die Haltung, die dahintersteht. Mario Barth, der »Beste Deutsche Live-Comedian« (diesen Preis hat er vier Mal gewonnen), bringt es auf den Punkt: »Man fragt nicht: Was können wir entwickeln, damit wir mehr Umsatz machen, sondern du musst den Fan verstehen.«[16]

Er hat ihn verstanden. Und deshalb hat er die kompletten Einnahmen in seine Bühnenshow gepulvert: ein Nachbau des Brandenburger Tores im Olympiastadion, ein Feuerwerk, sechs der größten LED-Wände in Europa, 1.000 Helfer vor Ort – insgesamt eine überdimensionale Service-Veranstaltung für Fans. Barth sagt: »Ich muss etwas davon haben, der Partner muss etwas davon haben – und gemeinsam erreichen wir den Punkt drei, den ich nicht allein erreichen kann, dann macht's Spaß.«

»Die Produktdenke losgeworden«

Unter dem neuen Edding-Chef Per Ledermann, Sohn einer der beiden Edding-Gründer, wurde ein dicker Strich unter die alten Strategien gemacht: Schluss mit dem Denken in Produktkategorien, hin zu Gedanken an das, was der Kunde wirklich braucht. Zum Beispiel der Heimwerker: Braucht er Marker, die auf Öl schreiben, auf Bohrkernen, auf rostigem Metall? Solche Gedanken kommen jetzt auf den Tisch. Bereits realisiert ist ein Marker gegen Möbelkratzer, zu dem es jetzt auch ein passendes Wachs gegen tiefere Spuren im Holz gibt. Damit musste auch der Vertrieb neue Wege gehen: nämlich in den Baumarkt.[17]

Service macht Spaß. Service ist Geben. Und weil immer irgendetwas Gutes zurückkommt, macht Geben Spaß. Jetzt müssen wir nur noch wissen, was unsere Fans haben wollen.

In die Schuhe des Kunden schlüpfen

Der Kunde ist kein unbekanntes, aber ein sehr kompliziertes Wesen. Vielen Unternehmen ist er so unverständlich, dass sie sich lieber auf ihre Produktkategorien konzentrieren, auf ihre Prozesse und auf ihre technischen Möglichkeiten. Das ist schön übersichtlich. Was der Kunde da draußen im Lande macht? Egal. Irgendwie geht das Geschäft ja auch, wenn man das nicht so genau weiß.

Aber es geht nicht so gut. Das bestätigt auch Hermann Simon, Autor des Bestsellers *Hidden Champions des 21. Jahrhunderts*. Die mittelständischen Weltmarktführer aus Deutschland, Österreich und der Schweiz haben einen sehr engen Draht zu ihren Kunden. Der Prozentsatz der Mitarbeiter mit regelmäßigem Kundenkontakt ist fünfmal höher als bei Großunternehmen. Im Schnitt machen sie 15 Prozent Umsatz allein mit Services und Ersatzteilen und erzielen in diesem Bereich eine deutlich höhere Rendite als beim Verkauf ihrer Produkte. Insgesamt wird Service immer wichtiger. Im B2B-Geschäft punkten die Champions mit Service-Paketen (wie zum Beispiel Wartungsverträgen), mit Trainingsangeboten und weltweiter Präsenz.[18]

Je besser man seinen Kunden kennt, desto besser laufen die Geschäfte. Aber das Kennenlernen ist gar nicht so einfach.

Marktforschung: Auf der Suche nach dem Kunden

Einige Dienstleister kennen ihre Kunden ja noch persönlich: Friseure zum Beispiel, Kellner, aber auch Key Accounter, die mit wenigen »dicken Fischen« Geschäfte machen. Weil dieses Privileg aber nur wenige haben, muss sich die Masse der Dienstleister etwas einfallen lassen, um ihren Kunden auf die Spur zu kommen. Sie tun das auf ganz unterschiedliche Weise.

Spuren sichern und Daten sammeln

Zum Beispiel laufen sie ihren Kunden hinterher. Nicht persönlich (das wäre ja Stalking), sondern ihren Daten (was viele Konsumenten ähnlich unangenehm finden wie Stalking). So sammeln unter anderen der Internet-Versandhändler Amazon, die Drogeriekette dm und Lufthansa Kundendaten, wo sie nur können.

Dem Kunden auf der (Daten-)Spur

➤ **Lufthansa** kennt die Vielflieger, die am Miles & More-Programm teilnehmen – über 15 Millionen sind es derzeit: Wer »Prämienmeilen« sammelt, der gibt bekannt, wann, wie oft und wohin er fliegt. Seit es die Meilen auch fürs Modeshopping und fürs Telefonieren gibt und das Payback-Bonusprogramm angeschlossen wurde, weiß Lufthansa sogar noch mehr über die Lebensumstände seiner Kundschaft.

➤ Die **Payback**-Karte ist der Marktführer unter den Kundenkarten – und der Grund dafür, dass die Drogerie dm so viel über ihre Kundschaft weiß: Wer seine Karte an der Kasse vorlegt, der gibt zum Beispiel preis, dass er gerade Maxi-Plus-Windeln und Anti-Stress-Tee gekauft hat. Das lässt tief blicken. Aber 60 Prozent der deutschen Haushalte ist das egal – sie freuen sich einfach über den Rabatt, der auf jede Kaufsumme gutgeschrieben wird.

➤ **Amazon** verfolgt wie ein Spürhund alle Spuren, die Kunden auf seinen Internetseiten hinterlassen, und konstruiert daraus umfassende Profile. Wer also einen englischsprachigen Krimi, Gummistiefel und einen Goldfisch-Ratgeber bestellt (oder auch nur angeschaut!) hat, der bekommt bei nächster Gelegenheit sehr wahrscheinlich Vorschläge für noch mehr Krimis, außerdem für Regenhüte und Aquaristik-Bedarf, und bei der übernächsten Gelegenheit vermutlich das Angebot für ein Angelset und einen Reiseführer für England.

Data-Mining heißt die Technik, mit der Unternehmen nach bisher nicht bekannten Zusammenhängen in ihren Datensammlungen suchen. Das ist ein relativ neues Phänomen, weil die heute verfügbare Rechenleistung es erst möglich macht, dichte Datendschungel überhaupt zu durchforsten. Prima: So wissen Händler heute schon, was der Kunde morgen kauft – und kennen ihn damit besser als er sich selbst (in vielen Fällen wenigstens).

Sie haben damit eine ideale Wissensbasis, um perfekte Services anzubieten. Die Sache kann aber auch ganz schön nach hinten losgehen: Wenn der Kunde das Gefühl hat, dass mit den Resultaten seiner »Selbst-Öffnung« Schindluder getrieben wird (einfachstes Beispiel: Seine Adresse wird weitergegeben), wendet er sich erbost ab und hinterlässt Schimpftiraden – zum Beispiel auf Twitter. Der eine freut sich über den Info-Service (um nicht zu sagen: die Reklame), der andere ärgert sich drüber. Er ist halt schwer zu verstehen, der Kunde.

Was macht der Kunde den ganzen Tag?

Eine andere Form, dem Kunden auf die Spur zu kommen, ist die Rekonstruktion der 1440 Minuten, die er jeden Tag verbringt. Was tut er? Wie tut er es? Warum tut er es? Und wo?

Mit diesen Fragen versuchen zum Beispiel Lebensmittelhersteller, die richtigen Produkte für die »Verzehranlässe« des Tages zu erfinden. Es könnten aber genauso gut auch Hotels mit dieser Methode arbeiten, um ihren Kunden den ganzen Tag passgenaue Services anzubieten. Sie wüssten dann zum Beispiel, dass ihre Besucher gegen 11 Uhr, gegen 15 Uhr und gegen 17 Uhr einen Durchhänger haben, und diesem Phänomen mit Kaffee und Kalorien oder mit Wellness-Angeboten zu Leibe rücken.

Deutschlands häufigste Familie

Wenn die Welt der Kunden so komplex ist, dass man nicht mehr durchblickt, kann man ihre (durch zahllose Marktforschungen erfasste) Mannigfaltigkeit auch einfach in einen Topf werfen und so lange rühren, bis ein einziger Idealtypus herauskommt. So ähnlich hat es die Hamburger Werbeagentur Jung von Matt gemacht, als sie »Deutschlands häufigste Familie« konstruiert hat (www.jvm-wozi. de). Darf ich vorstellen?

Familie Müller

Sabine (43) und Thomas (46) sind berufstätig. Sabine arbeitet halbtags, weil Alexander (16) noch zur Schule geht. Wie die meisten Menschen in Deutschland leben die Müllers in Nordrhein-Westfalen, und zwar irgendwo bei oder in Köln. In den Sommerferien fahren sie mit ihrem VW Passat an die Ostsee oder nach Bayern. Sie haben eine regionale Tageszeitung abonniert, kaufen die meisten Lebensmittel bei Aldi und ihre Kleidung bei C&A, H&M, P&C, Quelle oder Otto. Sie wohnen in 3,5 Zimmern für 408 Euro Miete in einem Mehrfamilienhaus, das zwischen 1949 und 1978 gebaut wurde.

Jetzt mögen Sie fragen: Was bringt mir das, wenn ich den richtigen Service für die richtige Zielgruppe gestalten muss? Antwort: Erst einmal wenig. Über die Vielfalt der Zielgruppen in Deutschland sagen die Müllers gar nichts aus – trotzdem ist es gut, sie zu kennen. Denn in vielen innovativen Unternehmen sitzen sehr kreative Menschen, die Services entwickeln, die besser zu ihrem eigenen Milieu passen als zu dem der Müllers.

Wer Services auf Zielgruppen zuschneiden will, muss Halbtagskraft Sabine Müller von Diplomingenieur Hans Hinterhuber – und diesen wiederum von Wingolf von Wubinski, Privatier, unterscheiden.

Kunden auseinanderdröseln

Marketingstrategen sortieren ihre Kunden am liebsten fein säuberlich in Segmente und definieren für jedes Segment eine eigene Strategie. Die Segmentierung kann sich richten nach

➤ geografischen Merkmalen (Postleitzahlen, Sprachregionen)

➤ soziodemografischen Merkmalen (Geschlecht, Alter, Bildung, Einkommen, Beruf)

➤ psychografischen Merkmalen (Lebensstil, Einstellung, Persönlichkeit)

➤ Verhalten (Informationsverhalten, Kaufverhalten)

Beim Thema Service ist es besonders wichtig, zu wissen, wie er eigentlich tickt, der Kunde. Das kann sehr verschieden sein: Frauen zum Beispiel freuen sich über viele Service-Extras beim Shopping, während Männer froh sind, wenn sie schnell wieder aus den Läden rauskommen. Ältere Kunden legen Wert auf eine freundliche und persönliche Beratung im Supermarkt und gehen nicht so gern zum Discounter. Während rund 43 Prozent der jungen Familien, Studenten und Azubis in Deutschland beispielsweise bei Aldi kaufen, liegt dieser Wert bei älteren Menschen um bis zu zehn Prozentpunkte niedriger.[19]

Marktforschern ist es gelungen, die gesamte Bevölkerung dieses Landes in Cluster aufzuteilen. Drei der bekanntesten Modelle sind die

1. Sinus-Milieus von Sinus Sociovision,

2. Semiometrie von TNS Infratest,

3. Zielgruppen-Galaxie von GIM.

➤ Das Heidelberger Markforschungsinstitut Sinus Sociovision hat die Deutschen auf einem Kartoffelfeld verteilt. Die einzelnen Kartoffeln fassen jeweils ein Milieu zusammen:

➤ **Von oben nach unten:** nach sozialer Lage in Schichten, auf der Grundlage von Bildung, Beruf und Einkommen

➤ **Von links nach rechts:** nach der Grundorientierung, in einem Spannungsbogen von traditionell bis postmodern

➤ **Oben** sind die gesellschaftlichen Leitmilieus angesiedelt, **am linken Rand** die traditionellen Milieus, in der **Mitte** die Mainstream Milieus und **rechts** die hedonistischen Milieus.

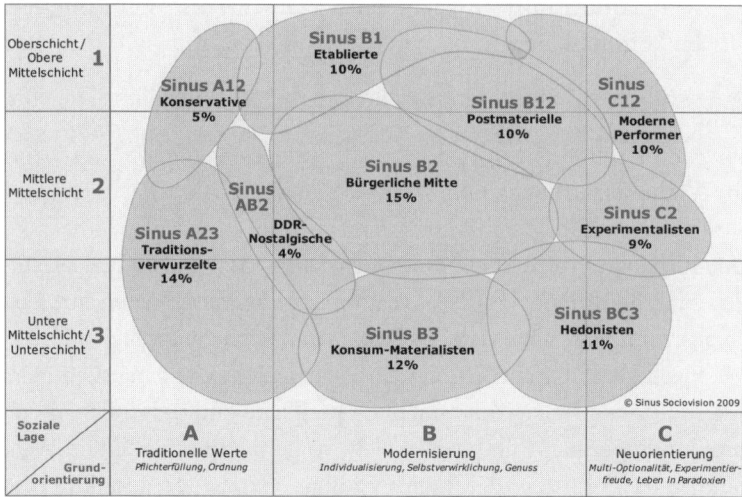

Abb. 2: Die Sinus-Milieus° in Deutschland 2009 (© Sinus Sociovision, Stand 2009)

Das Kartoffelfeld ist so anschaulich, dass sehr viele Marketing- und Vertriebsleute damit arbeiten. Für jedes Milieu hat Sinus Sociovision eine schöne Beschreibung ersonnen, von denen ich zwei in voller Länge zitieren möchte:

Bügerliche Mitte: 15 Prozent

Der statusorientierte moderne Mainstream: Streben nach beruflicher und sozialer Etablierung, nach gesicherten und harmonischen Verhältnissen

Lebenswelt:

> ➤ Lebensziel der bürgerlichen Mitte ist es, in gut gesicherten, harmonischen Verhältnissen zu leben. Cocooning im gepflegten Ambiente, umgeben von gleichgesinnten und gleichsituierten Freunden prägt ihren Lebensrahmen.

> ➤ Sie zeigen Leistung und Zielstrebigkeit. Beruflicher Erfolg, eine gesicherte Position und die Etablierung in der Mitte der Gesellschaft sind ihnen wichtig. Manchmal sind sie geplagt von Abstiegsängsten.

> Sie wollen sich einen angemessenen Wohlstand erarbeiten, sich leisten können, worauf sie Lust haben. Dabei bleiben sie aber flexibel und realistisch.

> Ein angenehmes, komfortables Leben, Harmonie im familiären Umfeld und im Freundeskreis charakterisieren den Lebensstil der bürgerlichen Mitte. Dazu gehört: Gäste einladen, gemeinsames Kochen, Vereinsengagement, sportliche Betätigung in der Gruppe oder im Verein ebenso wie die intensive Beschäftigung mit den Kindern.

> Sie konsumieren gern und mit Genuss, sind convenience-orientiert und haben ein ausgeprägtes Selbstbewusstsein als Verbraucher (Smart Shopper). Sie bevorzugen eine Mischung aus konventionell und modern, aus gediegen und repräsentativ. Sie investieren viel in die Ausstattung ihrer Wohnung/ihres Hauses, lassen dabei aber auch nicht ihr eigenes Outfit zu kurz kommen.

Soziale Lage:

> Altersschwerpunkt: 30 bis 50 Jahre, oft Mehr-Personen-Haushalte, kinderfreundliches Milieu

> Qualifizierte mittlere Bildungsabschlüsse

> Einfache/mittlere Angestellte und Beamte; Facharbeiter

> Mittlere Einkommensklassen

Moderne Performer: 10 Prozent

Die junge, unkonventionelle Leistungselite: intensives Leben – beruflich und privat, Multioptionalität, Flexibilität und Multimedia-Begeisterung

Lebenswelt:

> Die modernen Performer sind die junge, unkonventionelle Leistungselite. Sie wollen ein intensives Leben, in dem sie ihre Multioptionalität und Flexibilität ausleben und ihre beruflichen wie sportlichen Leistungsgrenzen erfahren können.

> Ihr ausgeprägter Ehrgeiz richtet sich auf »das eigene Ding«, oft die eigene Selbstständigkeit (Start-ups). Dabei haben sie nicht nur den materiellen Erfolg im Auge. Treibendes Motiv ist ebenso, zu experimentieren, spontan Chancen zu nutzen, wenn sie sich auftun, und die eigenen Fähigkeiten zu erproben.

> Die modernen Performer sind mit Multimedia groß geworden. Die modernen Kommunikationstechnologien nutzen sie intensiv und lustvoll, im beruflichen wie im privaten Leben.

> Neben der Multimedia-Begeisterung zeigen sie großes Interesse an sportlicher Betätigung und Outdoor-Aktivitäten (Kino, Kneipe, Kunst).

> Ihr Konsumstil ist geprägt durch die Lust auf das Besondere, das Integrieren von Einflüssen aus anderen Kulturen und Szenen. Anspruchsvolles »Multikulti« ist die Devise. Dafür geben sie auch viel Geld aus.

Soziale Lage:

> Jüngstes Milieu in Deutschland, Altersschwerpunkt unter 30 Jahre

> Hohes Bildungsniveau; (noch) viele Schüler und Studenten, zum Teil aber mit Jobs

> Unter den Berufstätigen hoher Anteil (kleinerer) Selbstständiger und Freiberufler (Start-ups) sowie qualifizierte und leitende Angestellte

> Hohes Haushaltsnettoeinkommen (gutsituierte Elternhäuser); bei den Berufstätigen gehobenes eigenes Einkommen

(Quelle: www.sinus-sociovision.de)

Darüber hinaus hat Sinus Sociovision auch die verschiedenen Milieus der Deutschen mit Migrationshintergrund untersucht und zum Beispiel ein Extra-Kartoffelfeld für Eltern aufgebaut. Da wird gleich klar: Ein »Geldverdiener und Chef« (so stellen sich »Konsum-Materialisten« einen guten Vater vor) braucht einen ganz anderen Service als ein »professioneller Part-Time-Event-Papa« (im Milieu der modernen Performer) und »die professionelle Erziehende« (die etablierte gute Mutter) wiederum einen komplett anderen Service als »die begeisterte Mutter, die sich selbst entdeckt« (im Milieu der Experimentalisten). Mama und Papa Müller sind eben doch nicht alle gleich.

Leider sind die Sinus-Kartoffelfelder kein Allheilmittel für Service-Fragen. Denn es ist in den wenigsten Unternehmen möglich, in Produktentwicklung, Marketing und Vertrieb mit den gleichen Segmentierungen zu arbeiten. Produktmanager orientieren sich an den Bedürfnissen der Kunden, Vertriebsleute schauen eher nach Umsatzgrößen, um Large, Middle und Small Accounts zu unterscheiden, und die Werbeleute müssen sich damit befassen, welche Medien die angepeilte Kundschaft zur Kenntnis nimmt und wo sie sich den lieben Tag lang aufhält. »Dummerweise sind die Kunden nur in den seltensten Fällen so strukturiert wie der Vertrieb«, bringt Marketing-Experte Holger Haedrich, Partner der Beratung Memo in St. Gallen, das Problem auf den Punkt.[20]

Aber es hilft ja nichts. Wir müssen versuchen, den Kunden kennenzulernen, um ihm einen perfekten Service zu bieten. Tun wir das nicht, kippen wir vom schmalen Grat herunter, der zwischen Service und Aufdringlichkeit verläuft. Denn jedes Angebot, das für den Kunden nicht hilfreich ist, ist nichts anderes als Spam. Also weiter: Was will er bloß, der Kunde?

Dialog: Im Gespräche mit dem Kunden

»If I had asked my customers what they wanted, they would have told me they want a faster horse.«

Henry Ford

Kunden wissen oft nicht, was sie sich wünschen. Woher sollen sie auch wissen, was machbar sein könnte – und ob sie das dann wollen würden? Kunden können nicht in die Zukunft schauen. Sie irren sich in ihren Einschätzungen, ganz ähnlich wie Charles Duell, Chef des US-Patentamts, der 1899 zum Besten gegeben hatte: »Alles, was erfunden werden kann, wurde bereits erfunden.« Oder wie Harry Warner, Chef von Warner Brothers, der 1927 sagte: »Wer zum Teufel will denn Schauspieler sprechen hören?« Legendär auch der Satz von Ken Olson, Chef von Digital Equipment, aus dem Jahr 1977:

»Es gibt keinen Grund dafür, dass jemand einen Computer zu Hause haben wollte.« Vor allem schriftliche Kundenbefragungen geben oft nicht so viel her, wie Marktforscher sich das wünschen.

Dürften wir Sie mal etwas fragen?

Wesentlich besser funktioniert oft eine viel einfachere Strategie: Hingehen! Oder: Kommen lassen! Nur wer im direkten Kontakt beobachten kann, wie die Kunden Produkte erleben, kann auf ihre wahren Bedürfnisse eingehen. Im B2B-Bereich muss das gar nicht immer großartig über teure Kampagnen laufen, sondern kann ganz hemdsärmelig passieren: Regelmäßige Gespräche zwischen Hersteller und Zulieferer – und zwar nicht nur zwischen Vorstand und Vorstand, sondern auch an der Basis – können die gemeinsame Lernkurve erheblich in die Höhe schnellen lassen und Produkte nachhaltig verbessern. In der Automobilbranche zum Beispiel ist der intensive Austausch zwischen Lieferant und Kunde zu einem wesentlichen Erfolgsfaktor geworden.

Das gilt auch für den Dialog zwischen Dienstleistern und ihren Kunden im Bereich B2C: Hier gehen Fluglinien mit gutem Beispiel voran, die Vielflieger einladen, um die Sitze in der Business-Class auszuprobieren. Gibt es genug Platz für Laptop und Unterlagen? Wo sollten die Staufächer sein? Lässt sich das Licht an Arbeits- und Ruhephasen anpassen? All diese Fragen werden gemeinsam gelöst.

Virtueller Dialog

Das Internet hat für den Kundendialog ganz neue Möglichkeiten eröffnet: Über Communitys, Blogs und neuerdings auch Twitter bekommen Unternehmen ungefilterte Feedbacks, schnell und unverblümt. Hier einige Beispiele für gelungene, interaktive Kunden-Plattformen im Internet:

Dell IdeaStorm

Dell gibt seinen Kunden im Internet die Möglichkeit, Kritik zu äußern und Ideen für neue Produkte und für neue Services zu formulieren. Weil jede Idee durch andere Nutzer bewertet werden kann, kristallisieren sich schnell die besten Einfälle heraus. Dell gibt Feedback dazu, welche Ideen aufgegriffen wurden oder in nächster Zeit werden. Über 12.000 Ideen und fast 85.000 Kommentare hat das interaktive Forum bereits generiert (Stand: 20. Juni 2009), rund 350 Ideen hat Dell bereits umgesetzt. (www. ideastorm.com)

My Starbucks Idea

Ähnlich wie Dell schöpft auch Starbucks die Ideen seiner Kundschaft ab und lässt andere User der Plattform die eingereichten Ideen bewerten, darüber diskutieren – und präsentiert schlussendlich die Ideen, die in Serie gehen. Damit schlägt Starbucks mehrere Fliegen mit einer Klappe: Der Kaffeespezialist bekommt Innovationsimpulse und über das Anmeldeformular auch noch jede Menge Kundenprofile – alles frei Haus. (http://mystarbucksidea.force.com/)

My Volkswagen

My Volkswagen ist ein kostenloses Angebot für alle Fahrer von Volkswagen-PKW ab Baujahr 2000. VW-Besitzer können sich über ihre Fahrgestellnummer anmelden und haben dann die Möglichkeit, mit anderen Volkswagenfahrern in Kontakt zu treten. Innerhalb verschiedener Foren kann dann heftig kritisiert und diskutiert werden. Die Wolfsburger schaffen auf diese Weise einen offenen Austausch mit ihren Kunden und setzen den Markenwert Ehrlichkeit ganz konkret in die Tat um. (www.volkswagen.de/vwcms/master_public/virtualmaster/de3/kunden_service/myvolkswagen.htx)

Parallel zu diesen Kunden-Plattformen (auch Corporate-Blogs genannt), toben Diskussionen in zahllosen freien Kundenblogs und neuerdings auch über den Microblog Twitter.

Service-Gezwitscher auf Twitter

Twitter gibt es seit dem Jahr 2006. Es ist so etwas wie ein öffentliches Tagebuch im Internet. Nutzer können Kurznachrichten mit einer Länge von bis zu 140 Zeichen absetzen, andere Nutzer können diese Nachrichten kommentieren. Gibt man in der Suchzeile »#Service« (auch schön: »#Servicewüste«) ein, so landet man in der wundersamen Welt der Service-Beschimpfung und des Service-Lobes. Hier eine Momentaufnahme vom 20. Juni.2009 (http://search.twitter.com/):

> »jansievers: meine freundin ist von o2 genervt. hat einen kunden geworben und wartet seit 5 monaten auf die prämie«

> »jbanach ärgert sich über Sixt. Beim Mietversuch erscheint nur die Meldung »Customer Error« und ans Telefon geht auch keiner«

> »ThomasPromny: Wenn ihr mal ne sauschlechte Service-Hotline-Ansage hören wollt: 0800 1813131«

Das mögen alles Einzelfälle sein – für die Unternehmen ist das Gemecker auf Twitter und in Blogs trotzdem peinlich. Und für viele ist es auch schwer in den Griff zu bekommen, weil es außerhalb der offiziellen Service-Prozesse abläuft, und erst einmal festgestellt werden muss, wer im Unternehmen dafür zuständig sein könnte. Klar ist jedoch: Unternehmen müssen schnell und direkt mit ihren unzufriedenen, meckernden, aber auch vor Ideen sprudelnden Kunden in Kontakt treten.

Aber das ist nur der erste Schritt. Wirklich nachhaltig und zu einem System wird der virtuelle Dialog erst, wenn eine systematische Auswertung dahintersteht. Josef Wehner vom Fraunhofer Institut für Intelligente Analyse- und Informationssysteme empfiehlt folgende Ausgangsfragen:

> »An welchen Stellen unseres Unternehmens erhalten wir Rückmeldungen unserer Kunden?«

> »Welche thematischen Schwerpunkte finden sich in den Feedbacks unserer Kunden?«

> »Welche ungewöhnlichen Themen beschäftigen unsere Kunden?«

> »Wie verändern sich die Themen im Laufe der Zeit?«[21]

Durch die systematische Auswertung der Kundenfeedbacks erfährt das Unternehmen dann nicht nur, wo es beim Service hapert, sondern auch, wo es besser wird – oder so gut, dass die Kunden schreiben: »Wow! Super Service. Hätte ich nicht gedacht.«

Imaginärer Dialog

> »We're going to keep this chair empty today – it's for our customers, who can't join us in our meetings. Everything we discuss today must be important to our customers.«

Jeff Bezos (Gründer und Präsident von Amazon)

Der US-amerikanische Internet-Versandhändler Amazon hat wenig direkten Kundenkontakt, weiß damit aber sehr gut umzugehen. Von Amazon-Gründer Jeff Bezos wird erzählt, dass er in Meetings einen leeren Stuhl aufstellte, um seine Meeting-Teilnehmer zu einem imaginären Dialog mit dem Kunden anzuregen. Der Aufwand ist extrem gering, die Wirkung einer solchen symbolischen Handlung kann aber durchschlagend sein.

Fingierter Dialog

Insbesondere in der Phase, in der neue Services entwickelt werden, können neben imaginierten auch fingierte Kunden hilfreich sein. Im Klartext heißt das: Spielen Sie Theater, um dem Kunden auf die Spur zu kommen! In die Rolle des Kunden kann zum Beispiel ein Mitarbeiter schlüpfen – am besten jemand, der von Natur aus kantig und kritisch ist. Nehmen Sie die ganze Geschichte auf Video auf und werten Sie diese gemeinsam aus: Was lief geschmeidig, was nicht? Wie fühlte sich der Kunde, wie der Dienstleister?

Die Idee des Prototyping kommt eigentlich aus der produzierenden Industrie. Dienstleistungen lassen sich mit Testläufen aber genauso gut testen und zur Marktreife bringen.[22]

In die Haut des Kunden schlüpfen

Einen Schritt weiter als die Theaterprobe mit Kundschaft geht die Kostümprobe. Kein Witz: Entwickler in der Automobilindustrie, die Fahrzeuge für ältere Menschen konzipieren, zwängen sich in Anzüge, die ihre Bewegungsfreiheit einschränken. So testen sie, ob Autofahrer mit Handicaps die Türen öffnen können, ob sie nach dem Einsteigen in den Sitz plumpsen oder sich vernünftig hinsetzen können, ob es ihnen gelingt, den Autoschlüssel zu drehen, die Gangschaltung zu bewegen, das Gaspedal zu treten – und ob sie das Auto auch wohlbehalten wieder verlassen können.

Eine ähnliche Methode nutzen Ausbilder von Pflegepersonal: Sie lassen Mitarbeiter von Krankenhäusern oder Altenheimen einen Tag lang im Rollstuhl fahren. Sie schränken ihre Hörfähigkeit mit Stöpseln ein und ihre Sicht mit präparierten Brillengläsern, ihre Bewegungsfreiheit mit Bandagen und ihre Feinmotorik, indem sie ihnen Socken über die Hände ziehen. »Empathy Training« nennt sich diese Methode, die in den USA zum Beispiel von den Acadian Ambulance und Air Med Services eingesetzt und hierzulande in vergleichbarer Form zuweilen in der Ausbildung von Zivildienstleistenden praktiziert wird.

Mitarbeiter müssen sich aber nicht zwangsläufig kostümieren, um in die Haut ihres Kunden zu schlüpfen. Es reicht häufig schon, wenn sie in seine Rolle schlüpfen. Deshalb lassen manche Hotels ihre eigenen Mitarbeiter im Haus übernachten. Und siehe da: Plötzlich zeigt sich, dass das Leselicht viel zu schwach, die Badezimmerlüftung viel zu laut und der aufs Zimmer gebrachte Kaffee viel zu kalt ist. Und die METRO Group schickt ihre Mitarbeiter aus der Zentrale regelmäßig in den hauseigenen Future Store nach Tönisvorst, damit sie sich besser vorstellen können, welche Services wie beim Kunden (und bei den Store-Mitarbeitern) ankommen.

Im Wohnzimmer des Kunden sitzen

Die Werbeagentur Jung von Matt wiederum arbeitet nicht mit Kostümen, sondern mit Kulissen. Wie das? Die Kreativen haben ihr

Konferenzzimmer kurzerhand in »Deutschlands häufigstes Wohnzimmer« verwandelt. Schrankwand, Sofa, Tisch, CD-Ständer, Pokal im Regal – kein Detail ist zufällig, denn genauso haben sich die meisten Menschen in Deutschland eingerichtet (Bilder unter www.jvm.de/wozikonfi/htm_de/index.htm).

»Für uns ist das Wohnzimmer ein Lern- und Lehrprojekt, vor allem aber auch Lebensraum«, erklärt die Agentur. »Wir halten es ständig aktuell und wachsen dadurch an und mit unserem Wohnzimmer. Durch seine Pflege, das ständige Updaten, betreiben wir permanente Zielgruppenforschung.«

Der Gedanke dahinter: Wer auf dem Sofa seiner Zielgruppe sitzt, kann sich besser vorstellen, welchen Service sie will.

Die Kundenbrille aufsetzen – mit System

Ob direkter, imaginärer, virtueller oder fiktiver Kundendialog, ob Theater mit oder ohne Kostüm beziehungsweise Kulisse – es geht immer darum, aus dem eigenen »Wurschteln« herauszukommen und sich für Impulse von außen zu öffnen. Der Dialog mit dem Kunden muss deshalb in jedem Unternehmen permanent und professionell stattfinden. Wenn die ersten Berührungsängste überwunden sind, macht es richtig Spaß, gemeinsam immer besser zu werden.

Es reicht allerdings nicht, wenn sich nur der Vertrieb, das Marketing oder die Geschäftsführung persönlich sich vom Kundenfeedback inspirieren lässt. Die Feedbackschleifen müssen bis zur Basis wirken. Denn was nutzt eine gute Idee, die in der Geschäftsführung am Tisch skizziert, von der Basis aber torpediert oder einfach ausgesessen wird? Setzen Sie deshalb auch Ihren Mitarbeitern regelmäßig die Kundenbrille auf. Etwa so:

Lernen auf jeder Ebene

➤ **Automobilindustrie**: Mitarbeiter eines Automobilzulieferers fahren zum Hersteller und erleben an dessen Fertigungsband, zu welchen Problemen es kommt, wenn die zugelieferten Teile nicht die gewünschte Qualität haben oder nicht zum gewünschten Termin eintreffen.

➤ **Druckerei**: Der Versand verschickt Pakete regelmäßig an sich selbst, um zu prüfen, ob die Banderolen wirklich halten.

➤ **Luxusmarken-Shop**: Verkäuferinnen lernen per Video-Feedback. Hintergrund: Weil Kundinnen und Verkäuferinnen völlig unterschiedlichen Gesellschaftsschichten entstammen, kommt es häufig zu Missverständnissen darüber, was Kunden und Kundinnen wirklich unter Luxus-Service verstehen.

Dem Kunden immer einen Schritt voraus

Haben Sie Ihren Kunden schon kennengelernt? Gut. Dann wissen Sie ja mittlerweile ziemlich genau, welchen Service sich Ihr Kunde wünscht. Richtig perfekt werden Sie, wenn Sie aber nicht nur das wissen, sondern für Ihren Kunden auch in die Zukunft schauen können. Was wünscht er sich in fünf Minuten, in zwei Stunden oder morgen?

Nehmen Sie die Wünsche Ihres Kunden vorweg! Nichts anderes hat der Computerhersteller Apple gemacht, als er aufhörte, ein reiner Computerhersteller zu sein, und eine kleine, klinisch-weiße Jukebox namens iPod auf den Markt brachte. Sehr erfolgreich, wie wir wissen.

Nichts anderes macht auch die Hotelkette Ritz Carlton, die sich den Leitsatz »Kundenwünsche vorwegnehmen« auf die Fahnen geschrieben hat. Das Unternehmen führt eine riesige Datenbank, die für alle Filialen rund um den Globus einsehbar ist. Hier werden Vorlieben und Sonderwünsche mit Einverständnis des Kunden festgehalten und gespeichert: »Mag Weintrauben, schläft links, liebt kühles Klima, schwimmt am liebsten morgens.«

Es geht aber auch viel kleinformatiger: So kann ein Handwerksmeister bei der Auftragsbesprechung gleich notieren, dass der Auftraggeber empfindliches Parkett im Haus hat, und seine Truppe mit Schutzfolie und Überschuhen losschicken. »Ich wollte Sie noch anrufen und Sie um Schutz für meinen Boden bitten – wie schön, dass Sie von selbst darauf gekommen sind«, wird sich der Kunde wie ein König freuen.

Oder stellen Sie sich einen Gartenservice vor, der von allein anruft, um daran zu erinnern, dass die Blätter vom Rasen gefegt werden müssen, damit selbiger nicht braun wird. Oder eine Restaurantbedienung, die unaufgefordert eine gesiebte Bouillon-Suppe für die zweijährige Tochter bringt, weil sie vorausahnt, dass diese (wie wohl die meisten Kleinkinder) es nicht leiden kann, wenn »etwas Grünes« in der Suppe schwimmt. Oder einen Zahnarzt, der schützende Ohrkissen für alle Patienten anbietet, die bei hell fiependen Bohrgeräuschen sofort an Flucht denken.

Unternehmen, die den Wettbewerb mit ihren Service-Leistungen überholen wollen, können gar nicht genug über die unartikulierten Bedürfnisse und Verhaltensmuster ihrer Kunden wissen. Es kommt darauf an, diese »heimlichen« Kundenbedürfnisse nach besonderen Services herauszuschälen, ihren Einfluss auf das Kaufverhalten zu analysieren – und die so gewonnenen Ergebnisse in die Strategie des Unternehmens einzubauen.

Das ist eine doppelte Herausforderung: Erstens ist es gar nicht so leicht, herauszufinden, was der Kunde selbst auch noch nicht weiß. Und zweitens gilt es, die bestehenden Service- und Vertriebsstrukturen (also die Unternehmenssicht) komplett auszublenden, um einen möglichst perfekten Service konsequent aus Kundensicht zu skizzieren.

Der Kunde im Zentrum von Strategie und Handeln

Kunde ist nicht gleich Kunde, wie Kartoffelfelder und Kundensofas gezeigt haben. Das Service-Versprechen der Unternehmen muss deshalb ganz unterschiedlich sein – und sich als solches auch konsequent durch alle Prozesse ziehen. Vom Marketing über den Einkauf, die Warenpräsentation, die Bezahlung bis hin zum After-Sales-Service und zur Personalstrategie.

Beispiel Lebensmittelhandel: Bei Aldi gibt es Qualität zum kleinen Preis, aufgestapelt in Pappkartons, keinerlei Beratung und superschnelle Kassen. Anders bei Alnatura: Hier stehen hochpreisige Bioprodukte in hochwertigen Regalen, die Bäckereifachverkäuferin weiß, wie viel Dinkel im Brot steckt, und regelmäßig gibt es Probierstände für Produktinnovationen. Diese Kunden gehen zu Aldi, jene zu Alnatura – entsprechend stellen die Händler jeweils ihre Kunden in das Zentrum ihrer Strategien und Prozesse. Das ist übersichtlich.

Wenn ein Unternehmen aber ganz unterschiedliche Kunden betreut, was im B2B-Bereich häufig vorkommt, dann muss eine kundenwertgerechte Betreuungsstrategie dazukommen. Einfacher gesagt: Es ist unsinnig, alle Kunden über einen Kamm zu scheren. Natürlich muss jeder Einzelne zuvorkommend behandelt werden und einen stimmigen, zuverlässigen Basisservice bekommen. Aber ein Unternehmen muss für seine loyalen Kunden, die hohe Erträge und womöglich weitere Kunden bringen, andere Prozesse entwickeln und andere Services bieten als für die Kunden, die weniger Potenzial haben oder einfach nicht mehr machen wollen, als sie machen. Und es muss herausfinden, welche Kunden sie mit verlockendem Service von einem »Hie-und-da-Kunden« in einen loyalen Kunden verwandeln können.

Wenn nicht alle Abteilungen den Kunden in den Mittelpunkt ihres Handelns stellen, landen wir ganz schnell in Absurdistan: Ein Call-Center beispielsweise wird stark frequentiert, weil das Unternehmen unverständliche Rechnungen verschickt. Daraufhin wird das Call-Center-Personal rhetorisch geschult – die Rechnungen aber werden nicht verändert. So funktioniert Service aber nicht. Service funktioniert nur, wenn alle mitdenken und mitmachen.

surpriservice®: Der Weg zum »Wow!«

»Frage Dich immer in jeder Lage Deines Lebens ehe du handelst: Wie könntest Du hier am edelsten, am schönsten, am vortrefflichsten handeln? Und was Dein erstes Gefühl Dir antwortet, das tue.«

Heinrich von Kleist an Wilhelmine von Zenge, 11./12.01.1801[23]

Nachdem wir zurückgekehrt sind von unserer Entdeckungstour durch das Wunderland der Kunden, schauen wir uns nun das genauer an, was den Kunden glücklich und die Unternehmen erfolgreich machen kann: Service. Das Wort klingt sehr vertraut, weil wir es ständig verwenden und überall hören:

➤ »Ich hing eine Stunde lang in der Warteschleife der Service-Hotline. Eine Katastrophe!«

➤ »Die Fluglinie ist zwar billig, hat aber null Service.«

➤ »Meine Waschmaschine ist kaputt. Ich muss den Service anrufen.«

➤ »Ich möchte im Bett frühstücken. Könntest du bitte den Zimmerservice anrufen?«

➤ »Wenn wir in den nächsten Hafen einfahren, müssen wir unbedingt den Tankservice und den Fäkalienservice in Anspruch nehmen.«

Für das letzte Beispiel möchte ich »Pardon!« sagen – es ist ein wenig unappetitlich, aber es zeigt zugleich auch die riesige Bandbreite dessen, was unter Service verstanden werden kann.

Service kontra Dienstleistung

Wir können Service als vortrefflich loben und vortrefflich lässt sich über Service schimpfen. Was aber bedeutet Service eigentlich?

In der ersten Hälfte des 20. Jahrhunderts wanderte das Wort »Service« aus der englischen in die deutsche Sprache ein. Es bedeutet »Dienst, Bedienung« und geht zurück auf das altfranzösische »servise«, das sich wiederum von dem lateinischen »servitium« ableitet. Dieses lateinische Wort bedeutet – nicht erschrecken! – Sklaverei oder Sklavendienst.[24]

Sie sehen: Der Begriff Service hat eine finstere Vergangenheit! Ich halte es nicht für unwahrscheinlich, dass dies ein Grund für die verbreitete Ambivalenz gegenüber dem Thema ist. Nun ist die Zeit der alten Römer aber lange vorbei. Heute verstehen die meisten Menschen unter Service zum Beispiel

➤ alle Arten einer Dienstleistung,

➤ häufig auch eine Person, die diese Dienstleistung erbringt (»Service-Kraft«),

➤ (technischen) Kundendienst,

➤ Leistungen der Kundenbetreuung, und (der Vollständigkeit halber)

➤ den ersten Aufschlagball im Tennis (aber das ist ein anderes Thema).

Dass die Begriffe Service und Dienstleistung häufig gleichbedeutend verwendet werden, finde ich problematisch. Für mich ist Service nicht gleich Dienstleistung. Und sogar Service ist nicht gleich Service.

Das Service-Siegertreppchen

Ich sehe Service in Form eines Siegertreppchens – so wie wir es von sportlichen Wettkämpfen kennen:

Abb. 3

Platz 3

Unternehmen, die den dritten Service-Rang erreichen, bieten für ihre Kunden nur die **Basisleistung** an. Also das, was er konkret fordert und für das er bezahlt: Der Friseur schneidet Haare, die Autowerkstatt repariert das Auto. Punkt.

»Ist doch völlig in Ordnung!«, mögen Sie denken. »Warum landen solche Dienstleister auf dem letzten Platz?« Ganz einfach: Wer dem Kunden nur die Grundleistung bringt, der bindet ihn nicht an sich. Beim Kunden entsteht die Haltung: »Ist doch egal, ob ich den Auspuff in Werkstatt X oder Y austauschen lasse, Auspuff ist Auspuff!« Warum sollte ein solcher Kunde seine Werkstatt weiterempfehlen? Die Reparatur ist für ihn eine lästige Zusatzbelastung, die er schnell hinter sich bringen und über die er kein Wort verlieren will.

Platz 2

Diese Unternehmen bieten dem Kunden schon etwas mehr als nur das Notwendigste, im Grunde aber auch nur das, was er **erwartet**:

Der Friseur bietet seinen Kundinnen und Kunden Zeitschriften und einen Kaffee an. Die Autowerkstatt füllt das Wischwasser auf und prüft den Ölstand.

Auf dieser »Erwartungsstufe« bewegen sich sehr viele Firmen. Sie wissen, dass ihre Kunden die kleinen Service-Extras schätzen, kämpfen aber trotzdem mit einer recht hohen Kundenfluktuation. Der Grund: König Kunde ist zwar zufrieden, aber nicht begeistert. Er schätzt sich selbst nicht als Stammkunde ein – warum auch? Und er berichtet in seinem Umkreis nicht über das Unternehmen, ganz einfach, weil es keine spannenden Storys zu erzählen gibt. (»Kaffee beim Friseur? Na toll ... «)

Platz 1

Hier bekommt der Kunde nicht nur das, was er erwartet. Er bekommt mehr! Er wird geradezu überrascht! Er fährt nach Hause und hat immer noch ein »**Wow!**« auf den Lippen. Er hat einen Service bekommen, der ihn wirklich glücklich gemacht hat und von dem er gleich seiner Familie und seinen Freunden erzählen wird.

Wohlfühl-Oase mit Park-Service

Ein Friseur in Cottbus setzt auf außergewöhnlichen Service: Er beschäftigt einen Mitarbeiter, der sich ausschließlich um das Wohlbefinden der Kunden kümmert. Der junge Mann begrüßt jede Kundin am Eingang persönlich, nimmt ihr den Mantel ab und begleitet sie zu ihrem Platz. Er bringt Tee und Obst zusammen mit den Lieblingszeitschriften und sucht mit ihr gemeinsam ein Öl für die zehnminütige Kopf- und Nackenmassage aus. Darüber hinaus kümmert er sich um die Autos der Kundinnen. Einziges Manko des Salons ist nämlich ein Mangel an Parkfläche. Damit der Kundin ihr neuer Haarschnitt nicht durch ein Knöllchen vermiest wird, dreht der Service-Mitarbeiter bei Bedarf regelmäßig die Parkscheibe weiter. Das Service-Konzept kommt sehr gut an: Der Terminkalender ist prall gefüllt, obwohl der Salon etwas teurer ist.

Wellness für den Autofahrer

Die Niederlassung eines Premiumklasse-Autohändlers in Frankfurt/Main bietet ihren Kunden einen Kaffee an, sobald sie das Geschäft betreten. Dieser Service ist zumindest für die Fahrer eine Überraschung, die ihren Wagen bisher zu »Wald-und-Wiesen-Werkstätten« gebracht haben. Dann folgt der nächste Streich: »Haben Sie etwas dagegen, wenn wir Ihren Wagen nach der Reparatur waschen? Das ist für Sie selbstverständlich kostenfrei.« (»Ach, wirklich? Warum sollte ich etwas dagegen haben?«) »Wären Sie einverstanden, wenn wir Ihren Wagen auch von innen reinigen?« (»Wie bitte? Ich kann es nicht glauben ...«) »Außerdem würden wir gerne einen technischen Check durchführen, der Sie selbstverständlich auch nichts kostet.« (»Wow!«). Diesen überraschenden Service empfinden die Kunden als so angenehm, dass sie die vergleichsweise höheren Reparatur-Rechnungen gern in Kauf nehmen.

Wer auf dem Service-Siegertreppchen ganz oben steht, der schafft das, was ich als **surpriservice®** bezeichne. Hier sind die Unternehmen, die ihre Kunden mit Service-Überraschungen verblüffen. Dabei ist es gar nicht so wichtig, ob die Kunden den angebotenen Service annehmen wollen oder nicht (mancher wäscht sein Heilig's Blechle tatsächlich lieber selbst).

Es kommt darauf an, dass sich der »Wow!«-Effekt wie eine Welle durch den Markt bewegt. Dann kommen immer mehr Kunden, die sich auch überraschen lassen wollen. Dann kommt die Presse, die von den ungewöhnlichen Ideen berichten will. Woraufhin noch mehr Kunden kommen, die vom neuen Place To Be gehört haben und sich dort auch sehen lassen wollen.

Sahnehäubchen schmecken besser als Kaffeesatz

Vielleicht mögen Sie keinen Sport und auch keine Siegertreppchen. Dann stellen Sie sich alternativ einen Milchkaffee vor:

➤ Ganz unten ist der Kaffeesatz – ganz ohne Kaffeepulver geht's halt nicht, allein schmeckt **Kaffeesatz** aber nicht wirklich gut. Diese Ebene wäre also der Basisservice.

> Dann kommt der **Milchkaffee** – also Ihre Bestellung. Na schön. Hier sind wir bei dem Service-Niveau, das Sie erwartet haben.

> Und ganz oben drauf ist eine Schicht **Milchschaum** (in meiner Heimat Österreich je nach Bestellung auch Schlagobers, also ein **Sahnehäubchen**), die Sie, je nach Geschmack, noch mit feinem Zucker bestreuen können. Das ist es doch, worauf Sie sich am meisten freuen, oder? Hier sind wir beim Surpriservice.

Um Missverständnisse zu vermeiden: Sie können die Erwartungen Ihrer Kunden nicht pausenlos übertreffen. Das geht gar nicht, weil Sie Ihre Kunden mit immer mehr Service auch verwöhnen und die Ansprüche entsprechend steigen werden. Worum es beim surpriservice® geht, ist folgendes: **Schaffen Sie einen hohen Servicestandard im gesamten Unternehmen, und setzen Sie auf diesen Standard viele kleine »Wows!« auf.**

Vom Point-of-Pain zum »Wow!«-Effekt

Tatsächlich ist der »Wow!«-Effekt nur dann besonders wirksam, wenn Ihr Servicestandard konsequent auf einem hohen Niveau liegt. Nur so werden Ihre Sahnehäubchen in der Wahrnehmung des Kunden zu einem wertvollen Genuss. Warum? Das lässt sich anhand einer Kurve erklären.

Die untere Kurve steht für die Basisdimensionen des Service. Weit unterdurchschnittlicher Service bereitet dem Kunden großes Unbehagen oder sogar »Schmerzen«(»Pain Points«). Schmerzpunkte sind zum Beispiel

> Wartezeiten in jeglicher Form,

> unübersichtliche Rechnungen,

> Schmutz, Unfreundlichkeit,

> schlechte Erreichbarkeit,

> ungünstige Öffnungszeiten,

➤ mangelhafte Logistik,

➤ fehlende Ansprechpartner oder

➤ das »Buchbinder-Wanninger-Syndrom«.

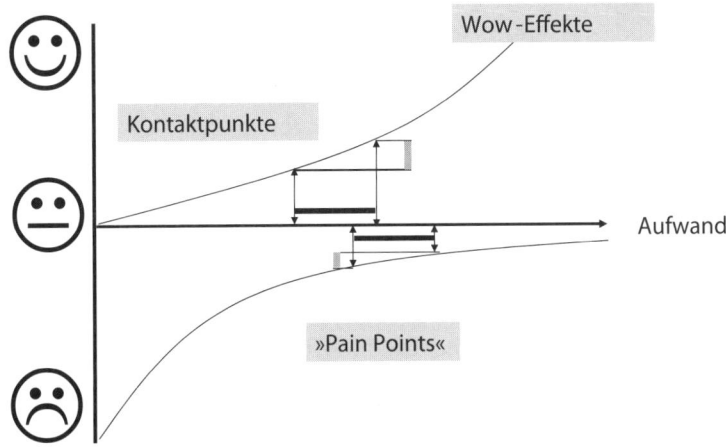

Abb. 4:   Zufriedenheit und Unzufriedenheit (Quelle: *surpri*service®)

Falls Sie den Buchbinder nicht kennen: Letzteres Syndrom ist benannt nach einem Sketch des Münchner Komikers Karl Valentin. In
der Rolle des Buchbinders ruft er bei der Baufirma Meisel & Com-
pagnie an, um eine einfache Auskunft zu erfragen. Er wird immer
weiterverbunden, bis er letztendlich bei der Ansprechpartnerin landet, die ihm weiterhelfen kann. Allerdings ertönt in diesem Moment
ein Gong, worauf die Dame sagt: »Wir haben jetzt Büroschluss, ru
fen Sie doch morgen bitte wieder an« – was Wanninger mit »Sau-
bande, dreckade!« kommentiert. Doch dies nur am Rande.

Je konsequenter es einem Unternehmen gelingt, die Schmerzpunkte zu reduzieren und zu beseitigen, umso besser. Hat ein Unternehmen seine Standardprozesse jedoch schon nahezu perfektioniert
(das Niveau zeigt der waagrechte Pfeil »Aufwand« an), muss es genau schauen, wo und wie es »Wow!«-Effekte erzielen kann. Manch-

mal werden mit sehr viel Anstrengung und Budget Standards optimiert, die für den Kunden wenig Relevanz haben. Und manchmal sind die erreichten Verbesserungen so geringfügig, dass der Kunde sie gar nicht wahrnimmt. Das führt nicht zum Ziel. In diesem Fall ist es sinnvoller, Energie in Service-Überraschungen zu stecken, die der Kunde überhaupt nicht erwartet. So können Sie – wie die Grafik zeigt – mit geringerem Aufwand einen deutlich höheren Effekt erreichen, rein geometrisch betrachtet.

Die kürzeren, dicken Balken unter beziehungsweise über dem Pfeil »Aufwand« mit ihren Verbindungslinien zur Basis- und zur Begeisterungskurve zeigen: Je höher das Aufwands-Niveau ist, von dem aus Sie starten, desto schneller steigt die Kurve im Verlauf der Kundenkontakte an. Das heißt: Wenn Sie Ihre Schmerzpunkte weitestgehend ausgemerzt haben und Ihre Standard-Serviceprozesse rund laufen, wird es Ihnen leichter fallen, mit zusätzlichen »Wow!«-Effekten bei Ihren Kunden eins draufzusetzen. Und diese Effekte brauchen Sie, wenn Sie Kunden haben wollen, die mehr als nur zufrieden sind.

Zufrieden ist zu wenig – gut ist nicht gut genug

Zufriedene Kunden – das schreiben sich viele Unternehmen auf ihre Fahnen und manche schreiben damit versehentlich Realsatire:

➤ »Zufriedene Kunden sind die Basis für unseren Erfolg!«

➤ »Zufriedene Kunden zu haben heißt für uns, unseren Service stets den Kundenwünschen anzupassen.«

➤ »Zufriedene Kunden möchten wir durch das Eingehen auf individuelle Kundenwünsche erreichen.«

Na, Bravo! So schafft man es, dass zufriedene Kunden eingehen! Zufriedene Kunden können den Erfolg eines Unternehmens nicht vorantreiben, weil andere Dienstleister sie genau so zufriedenstellen können. Und Kunden, deren Wünsche lediglich erfüllt werden, mögen zwar zufrieden sein – sie sind aber nicht begeistert!

Stolperstein »Kundenzufriedenheit«

Viele Unternehmen schaffen es nicht, ihre Kunden zu begeistern, weil sie sich schon mit der Stufe der normalen Kundenzufriedenheit schwertun: »Die Zufriedenheit der Kunden ist zwar als wichtiges Unternehmensziel in den Vordergrund gerückt und wird systematisch gemessen, doch von einem konsequenten Management der Kundenzufriedenheit kann in vielen deutschen Unternehmen nicht die Rede sein«, erklärt zum Beispiel Dr. Frank Dornach vom Münchner Forschungs- und Beratungsunternehmen ServiceBarometer AG. Das Unternehmen hat im Jahr 2006 zusammen mit dem Lehrstuhl für Dienstleistungsmanagement der Katholischen Universität Eichstätt-Ingolstadt die Mess- und Managementpraxis der Kundenzufriedenheit in Deutschland unter die Lupe genommen. Ergebnis: Nur rund die Hälfte der Unternehmen (55 Prozent) gleicht Zufriedenheitsmessungen mit weiteren qualitätsrelevanten Informationen (wie der Beschwerdeanalyse) ab. Als Quelle von Innovationen werden die Zufriedenheitswerte kaum genutzt und nur ein Viertel der Unternehmen verknüpft das Erreichen von »Zufriedenheitszielen« mit Bonuszahlungen an Mitarbeiter oder Manager. »Wenn Kundenzufriedenheit als strategisches Unternehmensziel ernst genommen werden soll, dann muss sie im Sinne eines konsequenten Zufriedenheitsmanagements auch ein fester Bestandteil des betrieblichen Anreizsystems sein«, erklärt ServiceBaromter-Berater Dr. Christian Coenen.[25]

Und die Münchner Service-Experten sehen ein weiteres Problem: Unternehmen stellen sich die Kundenzufriedenheit als einen Punkt vor, den sie erreichen wollen. Viel sinnvoller aber ist es, mit einer Skala zu arbeiten:

Der Kunde erhält…				
… mehr als er erwartet hat		… in etwa, was er erwartet hat		… weniger, als er erwartet hat
☺		☺		☹
Vollkommen zufrieden	Sehr zufrieden	Sehr zufrieden	Weniger zufrieden	Unzufrieden
Begeisterte Kunden		**Zufriedengestellte Kunden**		**Enttäuschte Kunden**
»Der Anbieter hat Wettbewerbsvorteile und kann sich dauerhaft profilieren.«		»Das kann jeder andere Anbieter auch.«		»Der Anbieter wird infrage gestellt.«
Werte zur Berechnung der Zufriedenheit als Mittelwerte:				
1	**2**	**3**	**4**	**5**

Abb. 5: Quelle: Dr. Frank Dornach, ServiceBarometer AG, Kongress »Kunde im Focus«, 13.06.2007

Die Kundenzufriedenheit lässt sich im nächsten Schritt mit der Bereitschaft der Kunden verknüpfen, ein Unternehmen weiterzuempfehlen, und mit ihrer Bereitschaft, wiederzukommen. Spätestens hier fallen dann die Schuppen von den Augen: Laut einer Studie in PKW-Werkstätten, die ServiceBarometer ebenfalls 2006 durchgeführt hat, würden von 100 begeisterten Kunden 67 bestimmt und 20 wahrscheinlich die Werkstatt an Freunde oder Bekannte weiterempfehlen. Zufriedene Kunden sind nur halb so bereit, Empfehlungen auszusprechen (31 Prozent). Begeisterte Kunden kommen gern wieder (84 Prozent bestimmt, 13 Prozent wahrscheinlich), zufriedene nicht unbedingt (nur 50 Prozent bestimmt).[26]

Sie sehen: **Zufriedene Kunden sind gut für Ihr Unternehmen – begeisterte Kunden sind lebenswichtig.** Wie erreichen Sie es nun, dass Ihr Service Ihre Kunden begeistert? Dazu schauen wir uns an, wie (und wo) Service beim Kunden ankommt.

Service passiert im Bauch …

Ob Service begeistert oder nicht, hängt nicht allein davon ab, wie viel Kaffee ein Unternehmen ausschenkt, wie oft die Mitarbeiter lächeln oder wie oft die Service-Hotline das Telefon klingeln lässt, bevor sie den Anrufer aus der Warteschleife befreit.

Diese Fakten sind zwar objektiv messbar, genau wie Kundenzufriedenheit an sich auch objektiv messbar ist. Sie ist allerdings das Resultat eines höchst subjektiven Vorgangs, bei dem der Kunde die von ihm erlebte Produkt- oder Service-Qualität mit seinen Erwartungen abgleicht:[27]

$$\text{Kundenzufriedenheit} = \frac{\text{Erlebte Produkt- oder Servicequalität}}{\text{Erwartung an Produkt oder Service}}$$

Wenn ein Kunde also mit einem guten »Bauchgefühl« aus der Vertragswerkstatt fährt, sich darüber hinaus noch ein bisschen prickelig fühlt wegen der tollen Überraschungen (»Das Auto war noch nie so sauber!«) und dieses Gefühl seine Erwartungen übertrifft (»Ich wollte doch nur einen neuen Auspuff … «) – dann ist er begeistert.

Die Krux dabei ist: Das kann funktionieren, muss aber nicht. Es gibt nämlich Kunden, die immer ein »schlechtes Bauchgefühl« haben, da können Sie sich auf den Kopf stellen. Aber von diesen seltenen Exemplaren wollen wir uns an dieser Stelle nicht die Service-Laune verderben lassen.

… und im Kopf

Aus der Hirnforschung wissen wir, dass im Kopf nicht einfach nur ein Gedächtnis sitzt. Wir haben verschiedene Gedächtnisse, die uns mehr oder weniger unterstützen: Das **episodische** Gedächtnis speichert Fakten oder Ereignisse, die zur eigenen Biografie gehören, während das **semantische** Gedächtnis das Weltwissen des Menschen speichert: Know-how für den Beruf, Fakten aus Wirtschaft, Geschichte oder Politik oder auch Kochrezepte und Spielregeln für den Sport.

Überraschende Anekdoten können Sie sich ganz ohne Mühe gut merken, Zahlen und Fakten meistens weniger gut. Wenn nun also ein individueller Hemden-Maßschneider-Service zu Ihnen nach Hause kommt, dann merken Sie sich auf lange Sicht wahrscheinlich nicht, dass jedes Hemd 39,90 Euro kostete (oder waren es 29,95 Euro?), sondern nur, dass der Hemdenexperte einen riesigen Krawatten-Präsentations-Koffer mitgebracht hatte, mit dessen ausladendem Deckel er Ihre wertvolle Wohnzimmerdekoration unerfreulich nachhaltig umgestaltete (was möglicherweise wiederum angenehme Erinnerungen an die Kulanz der Haftpflichtversicherung hervorruft). Aber das ist wieder ein negatives Beispiel.

Die gute Nachricht ist: Wenn Sie auf das episodische Gedächtnis Ihres Kunden zielen, dann können Sie bereits mit minimalem Einsatz einen nachhaltigen Eindruck hinterlassen.

Bad Aiblinger Hotelier rettet die Weltmeisterschaft

Der 63-jährige Bernd Scheuver und seine Frau Ursula waren am Sonntagnachmittag auf der Heimreise vom Italien-Urlaub. Das Endspiel der Fußball-WM wollten sie bei Bekannten in Süddeutschland anschauen, kamen aber nicht rechtzeitig dort an. Da fuhr Scheuver kurzerhand von der Autobahn ab und klingelte beim Drei-Sterne-Hotel Johannisbad in Bad Aibling. Hotelchef Max Lindner erkannte die Notlage sofort, gab den beiden ein freies Hotelzimmer, stellte den Fernseher an und organisierte frischen Kaffee – alles gratis. Für Lindner war dies eine Selbstverständlichkeit (»Da wird doch nichts benützt. Die sitzen auf Stühlen und schauen Fernsehen!«), für den verspäteten Fußball-Fan eine glückliche Rettung (»Das war einfach unglaublich.«)[28]

Auf diese Weise können Unternehmen aus kleinen Mankos (das Hotel hatte keinen Fernsehraum) große Erlebnisse machen.

Von der Peinlichkeit zum Highlight

Niemand leistet pausenlos perfekten Service – dafür sorgt zuverlässig der Faktor Mensch. Es ist völlig normal, dass gelegentlich etwas vergessen wird, dass eine Unterlage irgendwo verschwindet, dass Zahlen verdreht und Namen vertippt werden und dass sich hier (vor der Kasse) und da (bei der Telefon-Hotline) und dort (Garderobe, Einrichtungsberatung, Parkscheinautomat, Toilette) Warteschlangen bilden.

Diese Pannen an sich sind noch gar keine Service-Katastrophen. Sie werden erst zu solchen, wenn man ihren Peinlichkeitsfaktor mit unpassenden Maßnahmen noch verschlimmert. Ansonsten sind diese Momente der mangelnden Perfektion wunderbare Anlässe für neue Service-Ideen, die sich wiederum in das episodische Gedächtnis einprägen. Hier einige Beispiele:

Anzug-Check am Aufzug

In vielen Bürohäusern und Hotels fahren Aufzüge, die eigentlich mit einem »H-Kennzeichen« markiert werden müssten – genau wie historische Fahrzeuge im Straßenverkehr. In der Praxis aber ist die liebevolle Zuneigung, die Besucher langsamen Aufzügen entgegenbringen, weit weniger ausgeprägt als diejenige für Oldtimer. Aus diesem Grund haben viele Betreiber mittlerweile Spiegel neben ihren gemächlich zuckelnden Aufzügen angebracht – was die Besucher sehr schätzen. Unbewusst empfinden sie auch die Wartezeit kürzer. Und endlich haben sie genug Zeit und Gelegenheit, Krawatte oder Kajalstrich zu checken.

U-Bahn mit der Maus

Viele Großstädte bieten den hektischen Nutzern des öffentlichen Nahverkehrs einen Zeitvertreib, bis die passende U-Bahn einfährt: Auf großen Videoeinwänden laufen Kurznachrichten, Rätselfragen, Wetterberichte und regelmäßig klackert auch die Maus aus dem WDR-Kinderfernsehen ihr typisches Augendeckelklimpern. So abgelenkt, empfinden die Reisenden ihre Wartezeit als nicht mehr so lange und fühlen sich außerdem unterhalten und aktuell informiert.

Umweg zum Koffer

Kurze Wege zwischen Flugzeug und Gepäckband machen Reisende unzufrieden. Warum? Je schneller sie am Band stehen, desto länger müssen sie warten, bis die Mannschaft hinter den Kulissen ihre Gepäckstücke auf das Laufband gehievt hat. Viele moderne Flughäfen setzen hier auf neue »Ablenkungskonzepte«. Jetzt flanieren Reisende häufig über Umwege oder lange Strecken entlang an Erlebnis- und Einkaufsmeilen durch das Gebäude, nehmen ihre Koffer nach kürzerer Wartezeit glücklich in Empfang und haben unterwegs auch noch mehr Werbeflächen bestaunt.

Technische Grüße aus der Datenbank

Eine Mahnung bekommen – das ist ein peinliches Gefühl für den Kunden. Und damit ist das Schreiben von Mahnungen auch für serviceorientierte Unternehmen ein Problem: Eine unterkühlt formulierte Mahnung könnte die sorgsam gepflegte Wohlfühlkette der Kundenkontakte jäh abreißen lassen. Das Tagungshotel Schindlerhof, Nürnberg, lässt deshalb den Buchhaltungscomputer »heimlich« Zahlungserinnerungen schicken: »(…) Sollte ich bis zum … keinen Zahlungseingang verbuchen, so bin ich leider dazu verpflichtet, Sie an die Buchhalterin zu »verpetzen«. (…) Technische Grüße aus der Datenbank sendet Ihnen der Buchhaltungscomputer aus dem Schindlerhof.«[29]

Service mit Gefühl

All diese Beispiele zeigen, dass Service nicht in erster Linie etwas mit Budget zu tun hat und dass Sie beim Thema Service nicht zuerst an den Geldbeutel des Kunden denken sollten. Hier geht es um Gefühle! Service macht den Kunden glücklich! (Dass glückliche Kunden Ihre Umsätze in die Höhe treiben, ist natürlich eine willkommene Nebenwirkung.)

Leichter, schöner, besser ...

> »Because you are an individual, we believe you can only be satisfied with products that are made uniquely for you.«

Procter and Gamble

Der Kunde kauft dort, wo er das Gefühl hat, dass er das bekommt, was er möchte – und das zu einem fairen Preis. Welche betriebswirtschaftlichen Berechnungen hinter den Preisen stehen, ist für den Kunden irrelevant. Wenn er das Gefühl hat, das Beste für sein Geld zu bekommen, gibt er es gern aus. Und wenn er beim Kauf noch etwas Schönes erleben darf, gibt er auch gern etwas mehr aus. Jetzt stellt sich die Frage: Was möchte er denn Schönes erleben, unser Kunde?

Das NIKE-Prinzip

Gehen wir davon aus, dass Kunde Meier einen Job hat, eine Familie, ein Auto, vielleicht ein Haus, einen Hund und darüber hinaus noch Hobbys. Kurz: Herr Meier rast die ganze Woche durch die Gegend, um hunderte von Jobs zu erledigen, die an all diesen Fronten anfallen. Gleichzeitig prasseln Informationen aus allen Kanälen auf ihn nieder: Radio, TV, Internet, Post, Telefon, Memos, Post-its, Elternrundschreiben, Reklametafeln – es rauscht ganz gewaltig in Meiers Kopf.

Was braucht Meier also? Er braucht Service, der einen schönen Kontrapunkt zu seinem stressigen Leben setzt, der ihm Zeit und Nerven spart und der ihm ein wenig Sorglosigkeit schenkt. Und weil

Meier sich so oft fühlt wie ein kleines Rädchen im großen Getriebe, braucht er zu seinem Glück auch einen Service, der seine Individualität wertschätzt.

Für Sie und Ihr Unternehmen heißt das: Optimieren Sie Ihre Abläufe oder bauen Sie Ihre Abläufe so aus, dass Sie Kunden wie Meier glücklich machen – und schaffen Sie eine völlig neue Dimension eines maßgeschneiderten One-to-One-Service.

NIKE

Vier Faktoren führen zu einer erfolgreichen Servicestrategie und zu profitablen Kundenbeziehungen. Ich nenne sie das **Nike-Prinzip** nach der griechischen Siegesgöttin.

N **Nutzen**: Ihr Service sollte so gestrickt sein, dass der Kunde wirklich davon profitiert – ein Business-Hotel braucht natürlich ein anderes Service-Konzept als eine Reha-Klinik.

I **Innovation**: Gehen Sie neue Wege! Gelungene Regelbrüche machen dem Kunden Spaß. Davon wird er gern erzählen.

K **Konsequenz**: Bieten Sie statt Service per Zufall einen Service nach Plan. Er sollte Teil Ihrer Geschäftsstrategie und in alle Prozesse eingeschrieben sein.

E **Emotion**: Zielen Sie auf die Gefühle des Kunden. Er freut sich über tolle Erlebnisse mehr als über 2,5 Prozent Rabatt.

Service macht das Leben schön – Erlebnisse verbinden

Für Menschen gibt es kaum etwas Schöneres, als ihrer Familie, ihren Freunden, Bekannten und Kollegen eine »Story« zu erzählen: Etwas Besonderes, das sie erlebt haben. Oder etwas Außergewöhnliches, das sie geschafft haben. Beide Erzählmuster geben Ihnen und Ihrem Unternehmen einem besonderen Glanz.

»Getting into trouble and out again«

Diesem Erzählmuster folgen viele Fernsehserien. Etwa so: Eine Crew besteigt ihr Raumschiff, um einen fremden Planeten zu erkunden. Plötzlich wird sie von einer unbekannten Spezies angegriffen. Hart kämpfend werden die Aliens schließlich mit List und Tücke vertrieben. Ende gut, alles gut.

Das klingt unheimlich platt – aber achten Sie einmal auf dieses Strickmuster. Sie werden es überall wiederfinden. Ihre Kunden verwenden es ebenfalls, um Service-Storys zum Besten zu geben. Etwa so:

Perfektes Outfit in 27 Minuten

»Ich musste nach Berlin fliegen, um einen Vortrag zu halten. Leider hat die Fluggesellschaft meinen Koffer verschlampt. Den Vortrag hatte ich glücklicherweise in meiner Aktentasche, aber ich stand in Jeans da – eine Stunde vor Veranstaltungsbeginn. Da fuhr ich zum Kaufhaus XY und erklärte meine Notlage. Sie werden es nicht glauben: Drei Verkäuferinnen und Verkäufer sausten los, und nach 27 Minuten saß ich in einem perfekten Outfit, samt Accessoires und neuen Schuhen im Taxi und traf rechtzeitig zu meinem Vortrag ein.«

Wegfahrsperre

»Ich habe eine Freundin besucht, die in einem kinderreichen Wohngebiet lebt. Als ich gegen Mitternacht nach Hause fahren wollte, setzte ich aus der Parklücke zurück – und hing fest. Ich war rückwärts auf ein herumliegendes Kinderfahrrad aufgefahren, das sich unter dem Auto verkeilt hatte und kurz davor war, den Auspuff abzureißen. Auch mit dem Wagenheber ließ sich das Problem nicht lösen. Da riefen wir den ADAC und stellten uns darauf ein, in dieser Nacht kaum mehr Schlaf zu bekommen. Doch da »schwebte« schon der Gelbe Engel in die kleine Reihenhaus-Kulisse ein – in Form eines gigantischen Kranwagens. Der sichtlich amüsierte Pannenhelfer hob das Auto mit seinem Kran hoch, ließ es eine Weile baumeln, zog das Kinderfahrrad heraus und setzte das Auto wieder ab. Wow! Der Gelbe Engel: Viel schneller und viel größer als wir dachten, und das ganz ohne Extrakosten.«

Wenn es Ihnen gelingt, mit Ihrem Service einem Kunden aus der Patsche zu helfen, werden Sie »bigger than life«: **Ihr Unternehmen und Ihre Mitarbeiter sind die Helden dieser Storys, die authentischer nicht sein könnten!**

Heldenreise

Joseph Campbell, ein US-amerikanischer Mythenforscher, konnte zeigen, dass Märchen und Sagen überall in der Welt dem Erzählmuster der Heldenreise folgen: Ein Held bricht auf, besteht eine große Prüfung und kehrt verwandelt und gereift in seine alte Welt zurück. In vielen Fällen bringt er ein Souvenir mit (zum Beispiel den Heiligen Gral, den Nibelungenschatz oder den Stein der Weisen).

Erzählte Service-Geschichten nach diesem Muster lassen den Kunden zum Helden werden – was für Sie ein ebenso interessanter Marketingeffekt ist. Hier kämpft der Kunde allerdings nicht mit Drachen (das würden Ihre Räumlichkeiten wahrscheinlich auch gar nicht erlauben), sondern er gewinnt den Mut, einen Schritt in seiner persönlichen Entwicklung zu gehen, der subjektiv als sehr groß empfunden wird.

Über Stock und Stein

»Mein Autohaus hat mich am Wochenende zu einem Offroad-Event in einen alten Steinbruch eingeladen. Ich ging davon aus, ich wäre nur der Beifahrer. Aber nein, ich sollte selber am Steuer sitzen und über riesige Felsen kriechen und steile Berge rauf und runter manövrieren. Mein erster Gedanke war: Nie im Leben setze ich mich da rein, doch dann habe ich mich darauf eingelassen. Und es hat riesig Spaß gemacht! Ich habe mich sogar getraut, über die Holzwippe zu balancieren.
Wenn ich im nächsten Winter in die Berge fahre, werde ich schwierige Situationen viel souveräner meistern.«

Musik, Musik, Musik

»Wir haben in einem Premium-Hotel auf Elba Urlaub gemacht. Hier gab es einen Konzertflügel für die Gäste und auf Wunsch kam ein Klavierlehrer ins Haus. Ich habe mich durchgerungen, ein paar Klavierstunden zu nehmen. Es ist toll! Ich bin gar nicht so unbegabt! Zu Hause werde ich das fortsetzen.«

The show must go on

Bieten Sie Ihren Kunden Erlebnisse! Ganz gleich, ob Sie und Ihr Unternehmen in diesen Storys die Helden spielen oder ob der Kunde selbst sich in einen Helden verwandelt – einen besseren Marketingeffekt können Sie gar nicht erzielen!

Bei den von Ihnen inszenierten Service-Storys gilt übrigens die gleiche Regel wie bei Fernsehserien: The show must go on. Am besten bieten Sie in möglichst kurzen Abständen immer wieder neue Abenteuer. Das mag zwar mit Mühe verbunden sein – aber würden Sie ein und dieselbe Folge Ihrer Lieblingssendung x-mal schauen wollen?

Überraschen Sie Ihre Kunden immer wieder neu. Damit Sie sich dabei nicht völlig verausgaben, konzentrieren Sie sich am besten auf eine Erlebnisidee, die Sie immer wieder variieren. Hier einige Ideen:

Tapetenwechsel

Kleinere Blumenläden, Buchläden oder Cafés können bei ihrer Kundschaft punkten, indem sie in regelmäßigen Abständen die Dekoration radikal umbauen. (Halt! Nicht weglaufen! Es reicht schon, wenn eine gut sichtbare Ecke verändert wird.) Dann kommen die Kunden aus reiner Neugier vorbei: »Hallo, ich brauche eigentlich nichts, wollte aber Ihre neue Deko anschauen.«[30] Und oft gefällt ihnen spontan doch etwas, was sie sehen …

Wellness-Wechsel

Friseure können wechselnde Wellness-Angebote in ihr Programm aufnehmen (vielleicht beim ersten Besuch sogar ohne Berechnung?): Wie wäre es mit einer »Woche der Kopfmassage«, »Woche der Gesichtsmassage«, »Maniküre-Woche« oder »Woche der schönen Augenbrauen«?

Schöner Leben mit Service – das können Sie Ihren Kunden ermöglichen. Dazu brauchen Sie nur ein wenig umzudenken: Vergessen Sie einen Augenblick lang Budgets und Leitlinien. Stellen Sie sich stattdessen die Storys vor, die Ihre Kunden erzählen – und die letztendlich auch in der Presse (oder in Büchern wie diesem) landen. Welche Storys wollen Sie über Ihr Unternehmen hören? Wissen Sie es schon? Dann wissen Sie ja auch, mit welchen Erlebnissen Sie Ihre Kunden als Nächstes überraschen.

Service macht das Leben leicht – Zeit und Nerven sparen

Service der Marke »leichter« ist heute wichtiger denn je. Denn die Kunden, die für Unternehmen mit High-Class-Services interessant sind, das sind – sagen wir es unverblümt – vor allem die Kunden mit Geld. Zukunftsforscher Matthias Horx teilt diese Kundengruppe in zwei Untergruppen ein: Auf der einen Seite sind die wohlhabenden Kunden, die wenig Zeit haben, und auf der anderen Seite diejenigen, die sowohl über viel Zeit als auch über viel Geld verfügen. Es dürfte jedoch der kleinere Teil der Begüterten sein, der, so Horx, nach »authentischen Qualitätsprodukten mit Service-Erlebnis sucht«. Eine Mineralwasserprobe mit einem Mineralwasser-Sommelier im First-Class-Hotel fällt in diese Kategorie oder der Besuch beim Luxusfriseur, der jeden Arbeitsschritt minutiös zelebriert.

Die meisten beruflich erfolgreichen Menschen indes klagen über extreme Zeitknappheit. Sie jagen von Termin zu Termin, arbeiten auch am Wochenende und im Urlaub – und leiden darunter, dass sie ihren hart erarbeiteten Wohlstand im Grunde überhaupt nicht genießen können. Diese Kundengruppe sucht erstklassigen Service, der passgenau auf ihre individuellen Bedürfnisse zugeschnitten ist. Im Fitnessstudio sind sie zum Beispiel bereit, für einen Handtuch-, Einkaufs- oder Hundebetreuungsservice extra zu bezahlen.

Unternehmen, die dieser Kundengruppe den **Primärstress** im Job oder den **Sekundärstress** im Alltag reduzieren, können einen echten USP schaffen – ein Alleinstellungsmerkmal, das keine Mogelpackung ist. High Performer sind insbesondere dankbar, wenn ihnen folgende Lasten abgenommen werden:

Abb. 6: Der Kunde der Zukunft (Quelle: Matthias Horx[31])

Erinnern

Bei hohem Stress-Level fallen Aufgaben mit niedrigem Dringlich-keitswert ganz gern unter den Tisch: schwupps – und vergessen! Da-zu gehören Vorsorgetermine bei Ärzten oder Routinetermine beim Steuerberater – im B2B-Bereich auch das rechtzeitige Nachbestel-len von Material für Büro und Produktion. Kunden sind dankbar für freundliche Erinnerungen per Post, E-Mail oder SMS.

Schleppen

Koffer, Möbel, Einkäufe – Kunden sind immer wieder dazu gezwun-gen, schwere Lasten durch die Gegend zu schleppen. Es gibt wohl kaum einen, der das gern tut. Transportservices kommen daher gut an und werden von immer mehr Unternehmen angeboten. So lassen

Hotels Koffer bei ihren Kunden abholen, sogar Selbstbau-Möbel-händler liefern (gegen Aufpreis) Bretter und Schrauben nach Hause und Getränke-Händler schleppen Sprudelkästen in den Keller. Wie sieht es in Ihrem Unternehmen aus: Schleppen Ihre Kunden noch oder liefern Sie schon?

Aussuchen

Shopping mag für viele ein angenehmes Hobby sein. Wer aber im Job stark eingespannt ist und/oder seinen Alltag mit wuselnden Klein-kindern oder pflegebedürftigen Angehörigen verbringt, für den ist Shopping eine Plage: Winterklamotten, Weine oder Weihnachtsge-schenke – gestresste Kunden nehmen Entscheidungshilfen gern in Anspruch. Modehäuser, die auf Wunsch eine Kleiderauswahl be-reit halten sind hier auf dem richtigen Weg, genauso Amazon mit seinen E-Mail-Empfehlungen oder Versandhäuser, die auf Kunden-Weihnachtsgeschenke (Modell »Geschäftsführer«, Modell »Key Accounter«) im B2B-Bereich spezialisiert sind. Wenn auch Ihre Dienstleistung für Ihre Kunden die Qual der Wahl mit sich bringt, dann überlegen Sie doch mal, mit welchen Service-Angeboten Sie die Leiden lindern könnten.

Organisieren

Kunden, die in ihrem Job den ganzen Tag nichts anderes tun, als zu organisieren, sind heilfroh, wenn sie dies nicht auch noch in ihrem Privatleben tun müssen. Aus diesem Grund kommen durch exter-ne Dienstleister organisierte Wohnungsumzüge, Reiseangebote und sogar Hochzeitsfeiern beim Kunden gut an. Auch der Business-Kun-de organisiert gelegentlich nicht gern und bucht dann für einzelne Events Kongressveranstalter oder für immer komplette Abteilun-gen dazu. Wenn es Ihnen gelingt, die Engpässe bei Ihren Kunden zu identifizieren, können Sie wunderbare Services anbieten. Neh-men Sie Ihrem Kunden die Orga ab. Er wird sie nicht vermissen!

Unternehmen wie Wunsch & Begehr oder Agent CS haben daraus sogar ein Geschäftsmodell entwickelt. Sie machen für anspruchsvolle Kunden das Unmögliche möglich. Ganz egal, ob sie einen Butler für ihren Messeauftritt brauchen oder einen Tisch im »El Bulli«, ob sie ihrem TOP-Kunden einen ausgefallenen japanischen Tee aus seinem Geburtsjahr schenken möchten oder einen liebevollen Hundesitter für die Urlaubszeit suchen. (www.wunschundbegehr.de, www.agent-cs.de).

Hotel für Autoräder

Ein Autohaus zum Beispiel, das dem Kunden nicht nur bei Standardfragen weiterhilft, sondern auch bei Dingen, die er selbst noch nicht einmal bedacht hat, kann sich enorme Wettbewerbsvorteile sichern. Eine von vielen Möglichkeiten: Rechtzeitig vor Wintereinbruch meldet sich der Händler beim Kunden und erinnert ihn daran, dass es jetzt an der Zeit wäre, von Sommer- auf Winterreifen umzusteigen. Die passende Reifengröße liegt schon bereit, die Sommerreifen kann er im Autohaus über die Wintersaison einlagern. Der Kunde muss nur noch bei Gelegenheit vorbeikommen.

Im ersten Herbst wird sich der Kunde über diesen Service freuen. Im zweiten Herbst wird er ihn dankbar annehmen. Und ab dem dritten Herbst wird er davon ausgehen, dass er nicht mehr an diesen Termin denken muss, weil das bereits der Händler für ihn tut.

Dem Autohaus wiederum stehen oft externe Dienstleistungsunternehmen zur Seite, die sich um Abholung, Einlagerung, Reinigung und Kontrolle der Kundenräder kümmern. Es kann sich so auf sein Kerngeschäft konzentrieren, verfügt aber gleichzeitig über ein unschlagbares Instrument zur Kundenbindung und zur Profilierung gegenüber Wettbewerbern. (www.4wheels.de)

Warten

Bewegungslosigkeit bei hohem Adrenalinspiegel – das ist der rasende Stillstand einer Warteschlange. Die Höchststrafe für jeden, der es eilig hat. Wie erlöst fühlen sich Kunden, die aus diesen Schlangen befreit werden: »Wollen Sie mit Karte zahlen? Dann kommen Sie bitte zu diesem Automaten.« Oder: »Sie wollen nur ein Paket abholen? Dann kommen Sie doch zu unserem Sonderschalter.« Oder: »Kennen Sie schon den Quick-Check-in-Service? Dann checken Sie bitte hier ein.« Warteschlangen sind eine gefährliche Spezies. Sie rauben Ihren Kunden den letzten Nerv. Sagen Sie ihnen den Kampf an! Starbucks hat vor Kurzem die Initiative »Lean-Thinking« gestartet. Utensilien werden griffsicherer platziert und Zutaten deutlicher markiert. Jeder einzelne Arbeitsgang wird unter die Lupe genommen und optimiert. Einige Filialen melden erste Erfolge: Die Mitarbeiter sind schneller, die Kunden können zügiger bedient werden, sie stehen nicht mehr so lange frustriert in der Warteschlange und sind den Umfragen zufolge zufriedener. Perfekt ist es, wenn dann trotz der straffen Prozesse noch ein Moment für ein charmantes Wort oder einen Scherz mit dem Kunden bleibt.[31] Und wenn sich das Warten selbst mit der besten Organisation gar nicht vermeiden lässt, unterhalten Sie Ihre Kunden oder zeigen Sie zumindest die Wartezeit an, nach dem Motto: »... nur noch zwei Minuten«.

So. Eben haben wir schöne Geschichten für Ihre Kunden ersonnen, jetzt haben wir ihnen das Leben leichter gemacht. Noch aber sind die Kunden nicht alle Sorgen los und ganz sicher können wir sie auch nicht völlig davon befreien – allerdings von mehr, als viele sich das vorstellen können.

Service macht das Leben sicher – rundum sorglos

Kunden haben gerade jetzt viele Gründe, sich total unsicher zu fühlen: Viele wissen nicht genau, wie lange sie noch ihren Job haben werden. Ob sie ihren Kredit pünktlich zurückzahlen können. Ob das Auto nicht doch bald den Geist aufgibt. Ob die Mehrwertsteuer erhöht wird. Ob der Vermieter das Haus verkauft.

Und dann kommen Sie mit Ihrer Dienstleistung oder Ihren Produkten noch dazu. Fühlen sich Ihre Kunden sicher? Vertrauen sie darauf, dass Sie pünktlich liefern? Dass die von Ihnen gelieferte Technik einwandfrei funktioniert? Dass Ihre Daten exakt stimmen? Dass Sie das Ihnen anvertraute Kapital verantwortungsvoll entwickeln? Dass die von Ihnen vermittelten Immobilien das Attribut Luxus tatsächlich verdient haben? Nein? Dann sollten Sie etwas unternehmen.

Garantiert zufrieden

Viele Unternehmen arbeiten mit Garantien, um ihren Kunden ein Gefühl der Sicherheit zu vermitteln. Die Bandbreite der Möglichkeiten ist groß: Sie reicht von einem Fantasie-Siegel auf einer Lebensmittelpackung (»Garantiert mit echtem Honig!«) bis zu einer ehrlich gemeinten Rundum-sorglos-Garantie – so wie der Textilversender Lands' End sie formuliert hat:

Die Lands' End Garantie

Falls Sie nicht zu 100 Prozent mit einem bei uns bestellten Artikel zufrieden sind, können Sie ihn jederzeit an uns zurücksenden und wir erstatten Ihnen den vollen Kaufpreis. Wir meinen, was wir sagen. Ganz gleich, aus welchem Grund. Jederzeit. Und um es noch einfacher zu machen, fassen wir uns ganz kurz: GUARANTEED. PERIOD.*

Diese Garantie-Zusage ist aus mehreren Gründen vorbildlich:

➤ Sie ist klar und einfach.

➤ Sie beinhaltet keine komplizierten Vorbehalte.

➤ Sie geht über die gesetzliche Gewährleistung hinaus (die sich auf eine zeitlich begrenzte Nachbesserungspflicht bei Mängeln bezieht, die zum Zeitpunkt des Verkaufs bestanden).

Damit nimmt sie den Kunden bei der Hand, der zu Hause am Rechner klickend oder Kataloge blätternd darüber grübelt, wie groß das Risiko einer Kleiderbestellung für ihn ausfallen könnte.

Ähnlich wirkt die Garantie der Gmünder Ersatzkasse (GEK), die mit umfassenden Garantien Kunden davon überzeugen will, dass sie bei dieser Krankenkasse sicherer aufgehoben sind als bei anderen Kassen.

Mit Sicherheit gesund

Die Gmünder Ersatzkasse (GEK) gilt als »Deutschlands kundenfreundlichste Krankenkasse«. Sie gewährt ungewöhnlich weitreichende Garantien, wie zum Beispiel:

> Bearbeitungsgarantie innerhalb 24 Stunden

> Zahlungsgarantie innerhalb 24 Stunden (Krankengeld, Mutterschaftsgeld etc.)

> GEK-Teledoktor: 24 Stunden täglich eine Hotline für Fragen an Fachärzte

> Hilfe bei der Facharzt-Suche

> Hilfe bei der Wahl des passenden Krankenhauses

(www.gek.de)

In diesem Sinne zielt die Service-Garantie darauf, dem Kunden die Kaufentscheidung zu erleichtern (oder die Entscheidung, die Krankenkasse, eine Versicherung oder die Mitgliedschaft in einem Fitnessstudio zu wechseln). Zahlreiche Studien zeigen, dass der Effekt durchschlagend ist: Der Kunde fühlt sich tendenziell sicher, ist zufrieden und kauft.

Anders sieht es aus, wenn ein Kunde eine Garantie tatsächlich in Anspruch nehmen muss. Passiert so etwas, »werden möglicherweise Negativ-Erfahrungen zu sehr mit der Garantie assoziiert, als dass sie Freude hervorbringen würde«, so die Wirtschaftswissenschaftlerin Sara Björlin-Lidén von der Universität Karlstad (Schweden), die den Einfluss von Service-Garantien auf die Kundenzufriedenheit untersucht hat. »In solchen Fällen würde eine Service-Garantie zwar nicht die Kundenzufriedenheit steigern, aber zumindest die Kundenunzufriedenheit mindern.«[32]

Das heißt: Garantien können Ihren Kunden ein Gefühl der Sicherheit vermitteln, **bevor** Ihr Produkt kaputt oder Ihre Dienstleistung danebengeht. Nutzen Sie diesen Vorteil! Wenn der Kunde Ihre Garantie dann tatsächlich in Anspruch nehmen muss, empfindet er Ihre Garantie nicht mehr als Sicherheitsnetz, sondern höchstens als Trostpflaster. Manche Unternehmen »lindern« diesen Schmerz mit einer Wiedergutmachung. So erstattet zum Beispiel der Globus Baumarkt seinen Kunden 2,50 €, wenn sie länger als 10 Minuten an der Kasse warten müssen und nicht alle Kassen besetzt sind. Oder wenn die Angebotsgarantie nicht gehalten werden kann, weil ein aktueller Angebotsartikel in einem Markt ausverkauft ist, wird die Ware besorgt. Wenn das nicht klappt, erhält der Kunde das nächst höherpreisige Produkt zum Angebotspreis.[33]

Subjektiv sicher

Mit Garantien können viele Unternehmen arbeiten – aber längst nicht alle. Stellen Sie sich einen Texter vor: Kann er »garantieren«, dass sein Claim beim Kunden gut ankommt? Oder einen Musiker: Kann er »garantieren«, dass er sich nicht verspielt? Das wäre absurd.

Jeder kann sich aber darum bemühen, seinem Kunden ein Gefühl der Sicherheit zu geben. Grundlage dafür ist das Vertrauen, das der Kunde Ihnen schenkt. Warum schenkt er es Ihnen überhaupt?

➤ Weil Sie Kompetenz ausstrahlen, wenn Sie Ihr Wissen und Können präsentieren.

➤ Weil Sie sich mit Ihrer Dienstleistung und Ihren Produkten sehr gut auskennen.

➤ Weil Sie die Prozessketten, in die Ihr Geschäft verwoben ist, genau kennen, erklären können und wissen, wo man im Zweifelsfall einhaken muss.

➤ Weil Sie in der Lage sind, die Wünsche Ihres Kunden zu verstehen und seine Probleme zu lösen.

Ihr Versprechen wirkt auf Sie selbst zurück

»Wenn meine Kunden meiner Kompetenz vertrauen, brauche ich doch keine Service-Garantien mehr«, mögen Sie denken. Stimmt eigentlich, doch verschenken Sie damit einen wunderbaren Nebeneffekt, den der Marketingexperte (um nicht zu sagen: Guru) Christian Blümelhuber, Professor an der Solvay Business School der Université Libre de Bruxelles, beschrieben hat: Garantien führen zu einer niedrigeren Fehlerquote. In einem von ihm untersuchten Fall verließen in einem Unternehmen vor der Einführung der Garantie fast 5 Prozent der Lieferungen zu spät das Haus, während der Einführung der Garantie waren es rund 3 Prozent, und nach Publikation der Garantie dann noch 0,1 Prozent.[34] Wenn Sie also Ihren Service verbessern wollen – dann geben Sie Garantie!

Service macht das Leben wertvoll – Service made for me

Haben Sie schon einmal ein Geburtstagsgeschenk bekommen, das haargenau zu Ihnen gepasst hat? Das vielleicht sogar einen Ihrer geheimsten Wünsche erfüllt hat? Wie hat sich das angefühlt? Sie haben sich wahrscheinlich in einer besonderen Art erkannt und anerkannt gefühlt. Sie sind innerlich ein Stück gewachsen: Ja, da hat jemand Ihre Persönlichkeit erkannt, mehr noch: Ihr Potenzial. Dieses Gefühl vergisst man nicht.

Gewiss: Der Anspruch ist hoch. Aber wenn es Ihnen gelingt, auch Ihren Kunden ein wenig von diesem Gefühl zu vermitteln, dann können Sie sich selbst beglückwünschen: Sie machen Menschen im tiefsten Herzen froh und Sie haben einen superstarken Hebel der Kundenbindung gefunden, mit dem Sie Ihr Unternehmen noch erfolgreicher machen können. Denn Produkte und Service »von der Stange« sind out. Die Losung für die Zukunft heißt: »Service made for me«!

Customization liegt im Trend

Personalisierte Service-Leistungen haben in der Vergangenheit vor allem den gehobenen Kunden fasziniert – dank der zunehmenden Automatisierung der Produktion ist es aber heute möglich, maßgeschneiderte Produkte zu Preisen anzubieten, die nur wenig über denen von Massenprodukten liegen. Im Fachjargon spricht man von Mass Customization – ein geradezu paradox zusammengesetzter Begriff, der sich einerseits auf Mass Production (Massenproduktion) bezieht und andererseits auf Customization (kundenindividuelle Anpassung). Solche individualisierten Angebote sind aus drei Gründen für den Kunden attraktiv:

1. Sie unterstützen seinen Wunsch nach einem einzigartigen Image.

2. Sie können individuelle, komplexe Probleme besonders effektiv lösen.

3. Sie erlauben eine höhere Flexibilität in Preis, Qualität und Leistungsmerkmalen.

Mass Customization greift auf verschiedene Prinzipien zurück: Zum einen können Design oder Passform angepasst werden (bei Schuhen, Hemden, Anzügen). Oder ein Produkt kann aus verschiedenen Modulen zusammengesetzt werden (Müsli-Bestandteile, Ausflüge während einer Reise, Bauteile für eine Küche).

Für mich gemacht

Ein Müslihersteller eröffnet seinen Kunden die Möglichkeit, sich online ihr Lieblingsmüsli aus einer reichen Auswahl an Zutaten zusammenzustellen, zum Beispiel ohne Rosinen, die viele Menschen aus Standardprodukten mühsam herauspicken, weil sie eben keine Rosinen mögen. Eine ähnliche Offerte hat sich eine Firma ausgedacht, welche die Komposition einer **eigenen Gummibärchen-Mixtur** anbietet. Motto: Die grünen, gelben und weißen in die Tüte, die roten bitte draußen bleiben! **Ein Pariser Hotel** verwöhnt seine Gäste nicht nur mit einem erstklassigen Restaurant und einem

Wellness-Bereich, was beides fast schon Standard ist. Vielmehr dürfen die Gäste sich für ihr Zimmer einen von fünf Düften sowie ihre Wunschfarbe auswählen, um den Aufenthalt wirklich mit allen Sinnen genießen zu können. Von »stärkend« über »entspannend« bis »natürlich« – je nach Lust und momentaner Laune umschmeichelt einen genau der Wohlgeruch, nach dem einen gerade verlangt. Die Kunden werden nicht über einen Kamm geschoren und müssen sich nicht mit dem zufriedengeben, was gerade verfügbar, in diesem Falle frei ist! Die immer wieder zu Geburtstagen sowie zu Festen wie Weihnachten auftauchende Frage »Was schenke ich?« beantworten Buchverlage neuerdings mit **personalisierten Reiseführern oder Kochbüchern**, die nach eigenem Gusto mit eigenen Fotos gestaltet werden können. Nicht weniger persönliche Angebote unterbreitet ein findiger Unternehmer mit **Teemischungen**. Natürlich geht es dabei nicht um irgendwelche Tees, wie sie in jedem Spezialgeschäft in den Regalen stehen. Stattdessen wird die Mixtur erst dann hergestellt, wenn der Kunde und künftige »Schenker« einige Fragen beantwortet hat wie beispielsweise: Welche Interessen hat der zu Beschenkende? Welchen Tee trinkt er bisher? Welche drei Charaktereigenschaften hat er? Auf der Grundlage der so gewonnenen Erkenntnisse entsteht ein Tee, der den höchsten Anspruch an ein wertvolles Geschenk erfüllt: **Er ist hochgradig individuell!**

Vorsicht, Verwirrung!

Nicht immer ist es sinnvoll, eine Maßschneiderei für die Erfüllung von Kundenwünschen aufzubauen. Wenn Sie eine zu große, zu komplizierte Auswahl anbieten, dann ergreift Ihre Kundschaft die Flucht! Prüfen Sie deshalb, wie Sie Ihr Angebot trotzdem einfach halten können: Neben individuellen Services, sind zum Beispiel auch modulare Service-Angebote denkbar (»Grundpakete«). Bei dieser Strategie sucht sich der Kunde die Pakete aus, die er braucht (er lässt sich sein IKEA-Regal zum Beispiel aufbauen, oder auch nicht).

Ein Gewinn für beide Seiten

Das technische Wunderwerk der Mass Customization macht nicht nur die Kunden froh, die sich nach Lust und Laune Turnschuhe gestalten und nicht kneifende Kostüme bestellen können, sondern auch die Hersteller. Sie produzieren nicht mehr am Bedarf vorbei, sondern direkt in den Markt hinein. Weil alles, was produziert wird, auch von vornherein einen Käufer hat, brauchen sie weniger Lagerflächen. Gleichzeitig entfernt sich das Unternehmen vom Segment der billigen Standardprodukte und überlässt den Preiskampf den sich dort tummelnden Anbietern.

Und das ist noch nicht alles: Während die Kunden munter bestellen, füllen sich die Datenfiles mit kostenfreien und extrem wertvollen Informationen über das, was Kunden wirklich wollen – und wie sich ihre Wünschen im Laufe der Zeit verändern. **Mass Customization ist also immer auch Markt- und Zukunftsforschung.**

So. Jetzt sind wir in die Schuhe des Kunden geschlüpft und haben herausgefunden, welche Services ihm das Leben so schön, leicht, sicher und wertvoll machen, dass er vor Überraschung »Wow!« sagt. Und mehr möchte. Und noch mehr.

Bis jetzt sind uns diese »Wow!«-Effekte im Service aber eher zufällig gelungen. Was wir nun noch erkunden müssen, ist ein Weg zum »Wow!«, der zuverlässig funktioniert.

Eine Revue der Service-Überraschungen

Ein Kaffee zum Beratungsgespräch – weil gerade welcher da ist. Oder ein Anruf beim Stammkunden zum Geburtstag – falls der Vertriebsmitarbeiter gerade daran denkt. Die persönliche Übergabe einer Angebotsmappe – weil der Praktikant auf seinem Heimweg ohnehin am Wohnort des Kunden vorbeifährt. Dies alles sind nette, aber eher zufällige Gesten, welche die Service-Performance eines Unternehmens nicht gut aussehen lassen: Wenn nicht einmal der Standardkaffee zuverlässig serviert wird, haben Sahnehäubchen kaum eine Chance, jemals in Erscheinung zu treten.

Möchte sich ein Unternehmen durch überraschenden Sahnehäubchenservice echte Wettbewerbsvorteile sichern, braucht es deshalb mehr: einen durchdachten Service-Plan, der einem stimmigen Gesamtkonzept folgt und konsequent von der ersten bis zur letzten Kundenkontaktstufe in die Praxis umgesetzt wird.

Service nach Plan – statt nach Lust und Laune

»Schönen guten Tag, mein Name ist Hubert Hainzlmaier, Hutfabrik Huber aus Hintertupfing, wie kann ich Ihnen helfen?« Ein Interessent, der bei der ersten telefonischen Kontaktaufnahme so freundlich begrüßt wird, ist angenehm überrascht – und tendenziell offener für eine Zusammenarbeit als ein Kunde, der knapp mit »Firma Huber!« angeblafft wird. Was passiert nun aber, wenn dieser Kunde die weitere Beratung als dürftig empfindet? Wenn die angeforderte Infomappe erst nach zwei Wochen eintrudelt? Wenn er bei seinem nächsten Anruf bei Huber von einem unwirschen Mitarbeiter abgewimmelt wird?

Keine Frage: Die gute Stimmung des Kunden kippt. Im Gedächtnis bleiben eher die negativen Erlebnisse als die überraschend positiven. Und bei der nächsten Gelegenheit wandert der Kunde ab zur Konkurrenz.

Die Krux: Es ist immer der letzte Eindruck, der beim Kunden haften bleibt. Das kennen Sie wahrscheinlich aus Ihrer eigenen Erfahrung: Wie geht es Ihnen, wenn Sie nach einer angenehmen Übernachtung im Hotel beim Auschecken 30 Minuten anstehen müssen? Oder wenn Sie Ihr neues Auto abholen und der Verkäufer nimmt sich keine Zeit für Sie? Oder wenn der Maler eine kleine Nacharbeit über Wochen hinausschiebt? Ganz klar: Viele positive Eindrücke werden vom negativen übertüncht – und weg sind sie.

Ein klar definierter Service-Plan gewährleistet, dass jeder Kunde in den Genuss einer **überzeugenden Servicekette** vom Erstkontakt bis hin zum After-Sales-Service kommt – und nicht nur der Kunde, der zufälligerweise an den freundlichsten Mitarbeiter geraten ist.

Ein guter Service-Plan baut auf die verschiedenen Kundenkontaktstufen auf. Jede dieser Stufen bedarf eigener Service-Module, die alle einer klar formulierten und detaillierten Strategie folgen. Ziel eines solchen Plans ist, die Service-Qualität eines Unternehmens vom Zufall zu befreien und gezielt zu steuern. In jeder Kontaktstufe gilt es, dem Kunden das Leben zu erleichtern, ihn mit überraschendem Service zu begeistern und so die Kundenbeziehung zu stärken.

Von A–Z : Analyse Ihrer Kundenkontaktpunkte

Wenn Sie einen solchen Plan aufstellen wollen, nehmen Sie zuerst Ihr eigenes Unternehmen unter die Lupe:

➤ Wann, wo und wie tauchen Kunden bei Ihnen auf?

➤ Was erwartet der Kunde in jeder Kontaktstufe?

➤ Was soll durch den Service in erster Linie erreicht werden?

➤ Was passiert mit den Kunden zu welchem Zeitpunkt des Geschäftsablaufs?

➤ Welche Service-Leistungen werden dem Kunden aktuell in jeder Stufe geboten?

➤ Mit welchen Aktivitäten lassen sich die Kundenerwartungen erfüllen – oder besser noch: übertreffen?

➤ Inwiefern werden Emotionen erzeugt?

➤ Welche Service-Erlebnisse könnten dem Kunden das Leben noch schöner machen?

➤ Welche Dienstleistungen oder Produkt-Plus-Leistungen können für ihn noch hilfreich oder attraktiv sein?

Die Zahl der Kontaktstufen variiert von Firma zu Firma: Bei Amazon sind es extrem wenige, in einem Hotel sehr viele. Deshalb möchte ich an dieser Stelle keinen fertigen Service-Plan für Ihr Unternehmen vorstellen. Stattdessen gebe ich Ihnen ein anschauliches Beispiel.

Service-Erlebnis Autokauf

Ein Kunde erkundigt sich **telefonisch** nach der neuesten Oberklasse-Limousine. Er fährt bisher eine andere Marke; die Beurteilung in der Presse hat ihn aber neugierig auf das neue Fahrzeug gemacht. Im **Internet** hat er sich das Modell bereits angesehen und sich nach dem nächstgelegenen Händler erkundigt. Nun möchte er gern eine **Probefahrt** vereinbaren. Beim Anruf als ersten Kontakt ist Freundlichkeit das A und O. Schon hier gilt es, dem potenziellen Käufer ein Gefühl des Umsorgtseins zu geben. Als nächster Schritt – und damit rechnet ein Kunde wohl kaum – geht am gleichen Tag ein **Brief zur Post**. Er enthält nicht nur die Terminbestätigung, sondern auch Bilder des Autos unter dem Motto: »Genießen Sie schon jetzt die Eleganz der neuen Limousine auf den beigefügten Bildern. Was Ihnen die Bilder leider noch nicht vermitteln können, ist das überzeugende Fahrgefühl. Das können Sie direkt bei uns am 20. August erleben. Wir freuen uns auf Sie.«

Das ist natürlich erst der Anfang. Die darauf folgenden Begegnungen wie die persönliche **Beratung**, die Probefahrt und das Erstellen eines **Angebots** müssen diesem Standard gerecht werden. Ansonsten wäre der hervorragende erste Eindruck verflogen und der potenzielle Neukunde bleibt bei seiner bisherigen Marke.

Verschwendeter Hochglanz

Vor wenigen Wochen erzählte mir ein Kunde, dass er seit vielen Jahren ein Auto einer Premiummarke fährt. Immer wieder erhält er per Post sehr aufwendige Broschüren vom Wettbewerber. Aber danach passiert nichts. Kein Anruf, kein Brief, einfach nichts. Er sagte zu mir:»Was denken die denn eigentlich? Glauben die, *ich* rufe dort an, nur weil sie mir eine Hochglanzbroschüre zugeschickt haben?« Schade, oft wird viel Geld ausgegeben, das in eine kleine Service-Überraschung viel besser investiert wäre.

Das Nachfassen im Anschluss an ein Angebot sowie die konkrete Präsentation des Produkts oder der Dienstleistung sind in den meisten Fällen die weiteren Stufen des Kundenkontakts. Sie führen idealerweise zur **Auftragserteilung** und damit zur entscheidenden Etappe des Service-Plans. Während die bisherigen Module den Boden für einen erfolgreichen Geschäftsabschluss bereitet haben, muss nun die Service-Strategie konsequent in Richtung Kaufabschluss weitergeführt werden. Doch auch damit ist der Service-Plan noch keineswegs erfüllt, auch wenn dies zahlreiche Unternehmen noch so handhaben. So beenden manche das Kredenzen der Service-Sahnehäubchen, sobald der Kunde unterschrieben oder per Handschlag in den Kauf eingewilligt hat.

Ein fataler Fehler, der zum Verlust vieler wertvoller Stammkunden führen kann. Auch wenn ein Kunde sich zum Kauf entschieden hat, braucht er eine **positive Bestätigung seiner Entscheidung**. Dieses Gefühl kann eine Firma vermitteln, indem sie nicht nur in der Akquisephase, sondern in allen Kontaktstufen eine unverändert hohe Service-Qualität liefert. Die Betreuung des Kunden während der **Bearbeitungszeit** und der **Auslieferung** sowie der **After-Sales-Service** sind die entscheidenden Teilschritte im Hinblick auf Nachfolgeaufträge.

Veranstalten Sie eine Service-Revue!

Laut Prof. Christian Blümelhuber wird eine Marke – und jetzt bitte nicht erschrecken – ganz ähnlich wahrgenommen wie Pornografie: »Sie wird über einzelne herausragend spektakuläre Nummern erlebt, wahrgenommen und abgespeichert (…).« Es seien diese »Customer EXperiences oder CEX (…), die die Evidenz und Strahlkraft der Marke« ausmachten.

Blümelhuber spricht aber nicht nur über »Sex Sells«, sondern auch über die Liebe: Die Liebe – und das heißt auch die Liebe zu einem Produkt, einer Dienstleistung, einer Marke – zerfalle »in eine Reihe von Augenblicken«. Sie müsse immer wieder über »Augenblicke der Wahrheit« belebt werden.[35] Diese Augenblicke seien es, die der Kunde tief im Gedächtnis behalte und von denen er immer wieder gern erzählt.

Ich finde das Argument der Liebe für eine Marke sehr schön und sehr überzeugend und auch das Bild der »spektakulären Nummern«. Ich meine aber, dass wir beim Thema Service mit der Vorstellung einer Revue viel weiter kommen als mit der Porno-These.

Eine perfekte Revue hat Glanz, hat Glamour, hat Klasse. Sie zaubert ein »Wow!« nach dem anderen auf die Gesichter. Und sie entlässt ihr Publikum in gehobener Stimmung, voller Schwung und Energie.

Stellen Sie sich die Kette Ihrer Kundenkontaktpunkte wie eine perfekte Revue vor:

1. Vorhang auf!	Ihr Kunde ruft erstmals an. Oder schaut sich Ihre Homepage an. Oder betritt Ihr Geschäft. »Wow!«

2. Die Begrüßung	Ihre Mitarbeiter sprechen den Kunden an. Ihre Homepage präsentiert eine übersichtliche Willkommens-Seite. »Wow!«
3. Die Show	**Beispiel Autohaus:** Präsentation der Produkte, Probefahrt, Beratung, gemeinsames Feiern des Abschlusses, Auslieferung, After-Sales-Service, Inspektion, Gratulation zum ersten Geburtstag des Autos, Einladung zum Kunden-Event, zweite Inspektion (...) bis hin zum Kauf des nächsten Wagens.

Beispiel Hotel: Information, Buchung, Buchungsbestätigung, Anreise, Parkplatz, Weg zur Rezeption, Check-in, Fahrstuhl, Weg zum Zimmer, Öffnen der Tür, Willkommensgruß im Zimmer, Information über weitere Services im Zimmer, Room-Service, Frühstück (...) Bezahlung, Check-out, Weg zum Parkplatz (...) bis zum nächsten Besuch.

Beispiel Fluglinie: Buchung, Buchungsbestätigung per E-Mail (mit weiteren Informationen wie zum Beispiel eine Wettervorhersage), Weg zum Flugplatz, Parkplatz, Weg vom Parkplatz zum Check-in (wenn dieser nicht schon vorher online geschehen ist), Einchecken der Koffer (falls vorhanden), Weg zum Gate, Wartezeit am Gate, Einstieg ins Flugzeug, Start, Service im Flugzeug, Ausstieg, Abholen der Koffer am Gepäckband, Weg zum Taxi (...) bis zum nächsten Flug.

Beispiel Maschinenbau: Information und Beratung online oder per Telefon, gegebenenfalls Besuch vor Ort, Prozessberatung, Präsentation eines maßgeschneiderten Angebots, Lieferung der Maschinen, Montage der Maschinen, Schulung der Mitarbeiter, regelmäßige Wartung, Hotline für technische Probleme, Vor-Ort-Service, Angebot von Ersatzmaschinen bei Ausfällen (im Falle kleinerer Anlagen), Materialberatung (Beispiel Druckerei: Papier, Farbe; Beispiel Textilwirtschaft: Stoffe, Garne, Klammern), Newsletter, Einladung zu Vorträgen und Messen (…) bis zur nächsten Anfrage.

»WOW!«

Kunde ist nicht gleich Kunde

Genauso wichtig wie eine perfekte Service-Revue ist es allerdings auch, jede einzelne »Nummer« individuell auf den jeweiligen Kunden abzustimmen.

»Weiche« Faktoren, die nicht kostenintensiv sind – wie die freundliche Begrüßung beim Erstkontakt, Transparenz in der Kommunikation oder die schnelle Zusendung von Informationsmaterial, sollten alle Kunden erwarten können. Etwas anders sieht es aus im Hinblick auf »härtere« Faktoren wie Beratungszeit, besondere Service-Leistungen, Loyalitätsboni, Geschenke oder gar Incentives. Sie stellen einen merklichen Kostenfaktor dar. Deshalb gilt es hier, die Service-Intensität auf den Kundenwert, also auf Umsatz, Ertrag, Loyalität und – ganz wichtig – auf das Potenzial abzustimmen. Besondere Aufmerksamkeit haben auch Kunden verdient, die Empfehlungen für Sie aussprechen. Ihnen sollten Sie die spektakulärsten Service-Nummern und Ihre besten Service-Künstler exklusiv präsentieren!

So. Sie haben nun einen ersten Einblick in die glanzvolle Welt des Service bekommen. Gefällt Ihnen die Idee? Wollen Sie selbst auch einen Service etablieren, der Ihre Kunden glücklich und Sie selbst erfolgreich macht?

Dann schauen wir im nächsten Kapitel hinter die Kulissen der Service-Revue. Wie bringen Sie die Show am besten auf die Bühne? Welcher Stil gefällt Ihnen und Ihren Kunden? Und: Wie motivieren und trainieren Sie Ihre Service-Stars so, dass sie eine perfekte Show hinlegen? Lassen Sie sich überraschen.

Teil 2:
Wie sich Service-Kultur leben lässt

Wer wir sind – Was wir wollen – Wofür wir stehen

Stellen Sie sich Ihr Lieblingsunternehmen in Sachen Service vor. Vielleicht denken Sie an ein Hotel, die Vertragswerkstatt Ihres Wagens, an eine Wellness-Oase – oder sogar an Ihr Steuerberatungsbüro? Stellen Sie sich Ihren bevorzugten Ansprechpartner oder Ihre Ansprechpartnerin vor. Warum mögen Sie diese Person? Warum freuen Sie sich sogar darauf, Sie zu sehen, mit Ihr zu sprechen?

Ich vermute: Es ist die innere Haltung dieses Menschen, die Sie bewundern. Es ist dieses feine Gespür des Hotelmitarbeiters, der Ihnen ungefragt einen heißen Tee anbietet, weil Sie durchgefroren aussehen. Es ist diese elegante Wendigkeit, mit der Ihre Steuerberaterin Sie von jeder Steuerbürokratie erlöst und Ihnen damit den Rücken freihält. Und den Werkstattmeister mögen Sie vielleicht einfach deshalb, weil er so gern mit Ihnen über Technik fachsimpelt.

Es ist Ihnen wahrscheinlich herzlich egal, ob das Hotel nebenan (mit diesem hochnäsigen Rezeptionisten) oder die Werkstatt nebenan (ein Wunder, dass in diesem Chaos irgendein Mechaniker seinen Schraubenschlüssel findet) ein klein wenig billiger sind. Sie gehen dahin, wo Sie sich gut aufgehoben fühlen. Das heißt für die Unternehmen: **Service bedeutet Vorsprung, weil Haltung nicht kopierbar ist.**

Haltung ist einzigartig

Doch was bedeutet genau »innere Haltung«? Das lässt sich besonders gut am Beispiel des schnauzbärtigen Monsieurs Ritz (César Ritz, 1850 bis 1918) zeigen. Der Schweizer Hotelier gründete 1898 das berühmte Hotel Ritz in Paris, später weitere Häuser in London und Madrid. Der Bergbauernsohn aus dem Goms hat im 19. Jahrhundert ein neues Kapitel Hotelgeschichte geschrieben. Er hatte die Gabe und das Gespür, zu erkennen, welches die wesentlichen Elemente der Gastfreundschaft sind und setzte diese gekonnt und konsequent ein.[36]

Er prägte eine ganz besonders anspruchsvolle Service-Haltung, die heute noch immer in den Häusern der Ritz-Carlton Hotel Company spürbar ist. Um die individuelle Haltung des Gründers in einen Standard zu verwandeln, der sich in jedem Ritz-Carlton der Welt wiederfindet, gilt heute für jeden Mitarbeiter ein ganzer Katalog an Regeln:

The Ritz-Carlton Gold Standards[37]

Die Haltung aller Mitarbeiter der heutigen Ritz-Carlton Hotel Company ist geprägt von den »Gold Standards«, die sich das Unternehmen gegeben hat. Diese setzen sich zusammen aus fünf Säulen:

➤ **Das Credo**: Bei Ritz-Carlton ist das aufrichtige Bemühen um das Wohlergehen unserer Gäste unser oberstes Gebot. Wir sichern unseren Gästen ein Höchstmaß an persönlichem Service und Annehmlichkeiten zu. Stets genießen unsere Gäste ein herzliches, entspanntes und gepflegtes Ambiente. Das Erlebnis Ritz-Carlton belebt die Sinne, vermittelt Wohlbehagen und erfüllt selbst die unausgesprochenen Wünsche und Bedürfnisse unserer Gäste

➤ **Das Motto**: »We are Ladies and Gentlemen Serving Ladies and Gentlemen.«

➤ **Die drei Stufen der Dienstleistung**:

    1.   Eine herzliche und aufrichtige Begrüßung. Sprechen Sie den Gast mit seinem Namen an.

    2.   Vorwegnahme und Erfüllung aller Gästewünsche.

    3.   Wünschen Sie dem Gast ein herzliches »Auf Wiedersehen!« und sprechen Sie ihn mit seinem Namen an.

> **Das Mitarbeiterversprechen**: Die Damen und Herren von Ritz-Carlton sind das wichtigste Element unseres Service-Versprechens an unsere Gäste. Durch die Anwendung der Prinzipien Vertrauen, Ehrlichkeit, Respekt, Integrität und Engagement fördern und maximieren wir Begabungen zum Wohle des Einzelnen und des Unternehmens. Ritz-Carlton fördert ein Arbeitsumfeld, in dem Vielfalt geschätzt, Lebensqualität erhöht, individuelles Streben erfüllt und die Ritz-Carlton Mystik verstärkt wird.

> **Die Service-Werte von Ritz-Carlton (Auszug aus insgesamt 12 Service-Werten):**

> 3. Ich reagiere stets auf die ausgesprochenen und unausgesprochenen Wünsche und Bedürfnisse unserer Gäste.

> 6. Ich trage die Verantwortung für jegliche Anliegen der Gäste und löse diese umgehend.

> 10. Ich bin stolz auf mein professionelles Erscheinungsbild, meine Ausdrucksweise und mein Verhalten.

> 12. Um unseren Gästen den besten und persönlichsten Service zu gewährleisten, liegt es in der Verantwortung eines jeden, die individuellen Vorlieben eines Gastes zu erkennen und zu dokumentieren.

Weil die Service-Kultur der Ritz-Carlton Hotels als legendär gilt – nicht nur in der Hotelbranche, sondern auch über diese Branche hinaus –, habe ich Ihnen die Leitlinien des Unternehmens ausführlich vorgestellt und möchte Ihnen von diesem Hotelbesuch zwei Erkenntnisse als Souvenirs mitgeben:

1. **Service-Kultur ist kein Projekt, sondern ein Prozess**: Im Begriff »Kultur« steckt das lateinische »cultura«, womit unter anderem die Pflege des Geistes gemeint ist. Entsprechend bedeutet Kultur immer etwas Umfassendes und Langfristiges, einen Prozess und keinen Zustand. Das gilt auch für die Service-Kultur in einem Unternehmen, die zum Königsweg im Wettbewerb um die Gunst der Kunden geworden ist.

2. **Service-Haltung durchdringt alle und alles**: Eine nachhaltige Service-Kultur lässt sich an einer von der Spitze bis zur Basis spürbaren Kundenorientierung festmachen. Bei Service-Champions bestimmt sie die Prozesse, Standards und die Kommunikation im operativen Geschäft – von der Entwicklung über die IT bis zum Marketing – genauso wie die internen Strukturen, die Einstellung der Mitarbeiter und die Spielregeln im Miteinander sowie die Darstellung nach außen. Alle Managementebenen sind von kundenorientierter Führung durchdrungen und die Vision lautet: »Exzellenter Service ist unser Unternehmensziel.« Damit diese Vision keine Utopie bleibt, muss jeder Mitarbeiter wissen, dass sein Arbeitsplatz ebenso wie der Unternehmenserfolg von der Kundenzufriedenheit abhängt.

Service lacht

Warum gibt es Unternehmen, in denen eine anspruchsvolle Service-Haltung mit Freude gelebt wird – und andere, in denen sich Mitarbeiter schon mit einem nur mittelmäßig freundlichen »Guten Tag« quälen?

Das fragen sich nicht nur verwunderte Kunden, sondern auch Forscher. Und die kamen auf die Idee, so etwas wie die »Energie« im Unternehmen zu messen. Zugegeben: Das klingt erst einmal esoterisch, ist es aber gar nicht. Erst recht nicht, wenn das Forschungsthema »organisationale Energie« genannt wird und die Forscher zwei lange Messlatten auspacken: Eine für die Intensität der Energie, die sich zum Beispiel in einer häufigen und intensiven Kommunikation der Mitarbeiter zeigt. Und eine für die Qualität der Energie, die beschreibt, wie sehr das Potenzial des Unternehmens tatsächlich auf die Unternehmensziele ausgerichtet ist. Legt man beide Latten zusammen, ergibt sich folgendes Bild:

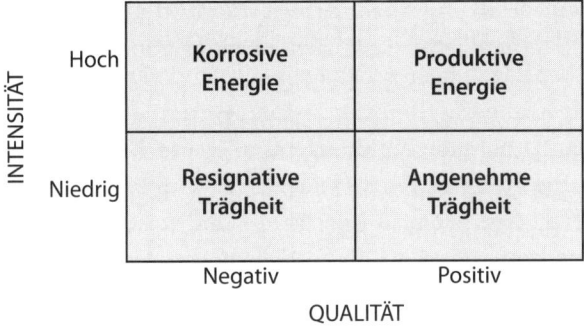

Abb. 7: Zustände Organisationaler Energie (Quelle: H. Bruch/ B. Vogel)[38]

Produktive Energie

Die obere, rechte Ecke ist diejenige, wo Service lacht. Unternehmen mit einer hohen produktiven Energie arbeiten innovativ und schnell, jeder Mitarbeiter bündelt seine Kraft im Sinne des Unternehmensziels. Er arbeitet mit Blick auf den Markt und auf den Kunden. Er verschwendet (im Idealfall) keine Zeit und Energie damit, Kollegen die Stuhlbeine anzusägen oder über den Chef herzuziehen. Und hat auch noch Spaß bei der Arbeit! Spaß daran, ganz ohne »Zicken« alles stehen und liegen zu lassen, um dem Kunden zu helfen, ihm einen Gefallen zu tun, ihm eine Information herauszusuchen, ihm die Tür aufzuhalten, ihm Kaffee zu bringen, ihm die Hand zu schütteln und von Herzen einen schönen Tag zu wünschen. Unternehmen wie Ritz-Carlton können stolz darauf sein, sich seit über 100 Jahren in diese Ecke einsortieren zu können. Es ist nämlich gar nicht so einfach, sich über einen so langen Zeitraum in einem Zustand der wachen Aufmerksamkeit zu halten, statt sich auf den eigenen Lorbeeren auszuruhen.

Angenehme Trägheit

Wenn Unternehmen über viele Jahre sehr erfolgreich sind, kann sich eine Selbstzufriedenheit und Selbstgerechtigkeit ausbreiten, die wie Dornröschens Rosenhecke die ganze Firma überrankt und den Chef samt Mitarbeitern in tiefen Schlaf versetzt. Der ganze Hofstaat ruht sich auf den eigenen Erfolgen aus, wird vielleicht sogar eingebildet bis hochnäsig, Innovationsfreude, Aufmerksamkeit und Service-Qualität nehmen rapide ab, bis alle vom Krisenmanager oder gar vom Insolvenzverwalter (leider nicht vom Prinzen) unsanft aus dem Schlaf gerissen (nicht geküsst ...) und vor die Tür gesetzt werden. (Das kann, wie wir jüngst erlebt haben, jedem Unternehmen passieren – von der »Unterhosenbranche« bis hin zur Automobilindustrie.)

Resignative Trägheit

Vergleichbar schläfrig und wenig serviceorientiert sind Unternehmen, in denen Manager und Mitarbeiter jahrelang so wenig erfolgreich gewirtschaftet und so viele Change-Prozesse vergeblich durchlaufen haben, dass ihnen die Puste ausgegangen ist. Enttäuschung, Frust, Gleichgültigkeit, innerer Rückzug – diese Emotionen prägen die Mitarbeiter, die sich von 9 bis 17 Uhr hinter Aktenbergen verstecken und ihre Burg mit Postkarten bewehrt haben, die sowohl Kollegen als auch Kunden auf Abstand halten sollen (»Ich bin auf der Arbeit und nicht auf der Flucht!« – »Schlafende Mitarbeiter sind nur dann zu wecken, wenn ihre Anwesenheit in der Kantine unumgänglich ist«).

Korrosive Energie

Etwas lebhafter geht es in Unternehmen zu, die sich in einem Zustand korrosiver Energie befinden. Allerdings kümmert sich auch hier keiner um die Kunden, denn dazu bleibt gar keine Zeit. In solchen Firmen wirbeln alle hochgradig beschäftigt durcheinander, um die eigenen Karriereziele zu erreichen, dem Kollegen eins auszuwischen, die Anweisungen des Chefs zu boykottieren, der Nachbarabteilung die Schuld in die Schuhe zu schieben oder die Praktikantin zu mobben. Jeder misstraut jedem, sichert sich ab, ist auf der Hut. Sobald der Kunde die Tür öffnet, quillt dicke Luft aus der Firma. Kein Wunder, dass viele Kunden die Tür dann ganz schnell wieder zudrücken und woanders hingehen.

Wollen Sie Ihr Unternehmen auch zu einem lachenden Unternehmen machen? Gute Idee! Lachende und engagierte Mitarbeiter ziehen kauflustige Kunden magisch an – und schaffen damit die Voraussetzung für wirtschaftlichen Erfolg. Stellt sich also nur noch die Frage: Wie kriegen Sie das hin?

Service-Kultur anstoßen

Sie können Ihre Firma neu anstreichen lassen. Das geht schnell. Sie können Ihren Service-Kräften neue Uniformen kaufen. Das geht auch schnell. Doch eine herausragende Service-Kultur können Sie nicht von heute auf morgen Ihrem Unternehmen überstülpen. Denken Sie zurück an die Service-Revue aus dem ersten Teil (siehe Seite 89): Was muss ein Show-Manager tun, um eine perfekte Revue auf die Bühne zu zaubern? Er braucht ein überzeugendes Konzept, eine leistungsfähige Truppe und er muss das Training organisieren.

Apropos Training: Dieses sollte sich nicht nur auf die Mitarbeiter beziehen, die im Rampenlicht stehen, sondern auf alle Beteiligten – von der telefonischen Kartenbestellung über den Verkaufsschalter, die Einlasskontrolle, die Pausenbewirtung, den Sicherheitsdienst, die Künstlerbetreuung, die Bühnentechnik, das Controlling und die Buchhaltung, den Reinigungsdienst bis hin zum Auftritt des Direktors selbst, der vor allem in sein Publikum und nicht in sich selbst verliebt sein sollte. So entsteht eine Service-Kultur, die das ganze Unternehmen durchdringt und die der Kunde schon beim ersten Kontakt spürt.

Glückliche Mitarbeiter machen Kunden glücklich – und umgekehrt

Sobald die Stars Ihrer Service-Revue auf der Bühne dem hochgeschätzten Publikum (Ihren Kunden) gegenüberstehen, springen die Funken über – sowohl in die eine als auch in die andere Richtung.

Im besten Falle bieten Sie eine super Service-Show, von der das Publikum restlos hingerissen ist. Es schwebt nach Hause, berichtet allen Freunden und Bekannten von der tollen Revue und bestellt sofort ein Abo. Im weniger guten Fall fällt ein Service-Artist auf die Nase (oder wurde kurz zuvor von Ihnen gerüffelt – oder hat sich mit der Kollegin gestritten – oder findet die gesamte Show miserabel – oder fühlt sich schlecht bezahlt – oder nimmt einen scheelen Blick aus dem Publikum persönlich), ist deshalb gestresst und schlecht gelaunt und überträgt diese miese Stimmung auf das Publikum. Ergebnis: Keiner hat mehr Spaß an der Sache.

Für Ihr Unternehmen heißt das: Glückliche Mitarbeiter machen Kunden glücklich und glückliche Kunden machen Mitarbeiter glücklich. Um diese Zusammenhänge noch einmal auf einer sachlicheren Ebene aufzudröseln, verlassen wir jetzt kurz unsere Service-Revue, und unternehmen einen Kurztrip in die Betriebswirtschaft. Viele Studien[48] belegen eine wechselseitige Wirkung zwischen Kundenzufriedenheit und Arbeitszufriedenheit.

Die Kundenzufriedenheit wird zum Beispiel durch folgende Faktoren beeinflusst:

> **Produkt/Dienstleistung**: Auswahl, Qualität, Aktualität …

> **Preis**: Preisniveau, Preis-Leistungs-Verhältnis …

> **Mitarbeiter**: Beratungskompetenz, Freundlichkeit, persönlicher Einsatz (sprich: Service!) …

> **Tangibles Umfeld**: Atmosphäre, Übersicht der Warenpräsentation …

> **Service-Qualität**: Zuverlässigkeit, korrekter Lieferumfang, pünktliche Lieferzeit, Erreichbarkeit …

Die Arbeitszufriedenheit der Mitarbeiter steht und fällt mit folgenden Einflüssen:

➤ **Kollegen**: Zusammenhalt, Umgang, Sympathie, Qualifikation, Motivation ...

➤ **Tätigkeit**: Inhalt, Aufgabenart ...

➤ **Arbeitsbedingungen**: äußere Bedingungen, Arbeitsmaterial ...

➤ **Organisation/Leitung**: Mitsprache, Information, Organisationsgestaltung ...

➤ **Entwicklung**: Karrieremöglichkeiten, Weiterbildungschancen, Übertragung von Verantwortung ...

➤ **Bezahlung**: Gesamtes Entgelt, Lohngerechtigkeit ...

➤ **Vorgesetzter**: Freundlichkeit, Gerechtigkeit, Kompetenz[39] ...

Interessant sind in diesem Zusammenhang auch folgende Erkenntnisse: Empirische Studien konnten belegen, dass Mitarbeiter im Dienstleistungsbereich tendenziell **von sich aus eine hohe Motivation mitbringen**, ihre Kunden zufriedenzustellen. Das heißt: Ein Unternehmen muss diese Motivation nicht immer erst künstlich erzeugen oder aus den Mitarbeitern »herausprügeln« – sondern das fördern, was da ist.

Und: **Je höher die Loyalität der Mitarbeiter, desto höher ist die Kundenzufriedenheit.** Denn je länger ein Mitarbeiter engagiert im Unternehmen ist, desto besser kennt er seine Kunden und desto mehr kann er sich in Kundenwünsche einfühlen. Und desto besser kennt er auch die interne Prozesskette und die Produkte und Dienstleistungen des Hauses.

Grafisch dargestellt ergibt sich folgendes Modell:

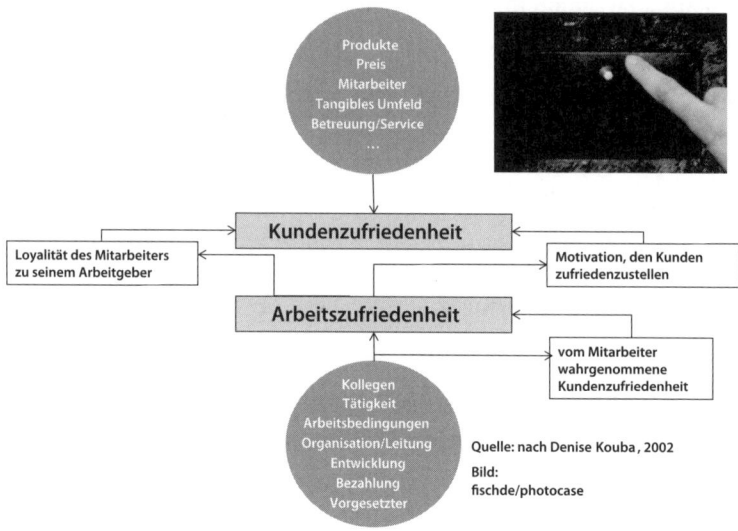

Nun entspricht aber die Realität, so wie sie ist, niemals genau der Wahrnehmung dieser Realität, so wie sie im Kopf des Kunden oder des Mitarbeiters ankommt. Und damit sind wir auf dem Beipackzettel dieser Grafik beim Kleingedruckten angekommen.

Risiken und Nebenwirkungen

Der Kunde nimmt die Service-Orientierung des Unternehmens und die des einzelnen Mitarbeiters möglicherweise nicht so wahr, wie sich das Unternehmen das vorstellt. Er findet sie vielleicht miserabel (obwohl das Unternehmen sich nach Kräften um Service bemüht), weil er einen Wettbewerber kennt, der um Längen besser aufgestellt ist. Oder er findet den Service klasse, obwohl dieser noch lange nicht den eigenen Ansprüchen des Unternehmens genügt. Unternehmen tun sich also selbst einen Gefallen, wenn sie den Unterschied zwischen ihrem Selbstbild und dem Bild im Kundenkopf (Fremdbild) regelmäßig auf den Prüfstand stellen.

Der Mitarbeiter wiederum ist umso zufriedener mit seinem Job, je besser es dem Unternehmen gelingt, die Kunden glücklich zu machen – und er macht seine Kunden umso glücklicher, je zufriedener er mit seinem Job und der von ihm wahrgenommenen (!) Kundenzufriedenheit und Service-Qualität ist. Eine wunderbare Selbstverstärkung, die aber auch nach hinten losgehen kann. Zum Beispiel wenn ein Kunde sich beschwert. Dies kann der Mitarbeiter im schlimmsten Fall als verweigerte Belohnung oder sogar als Strafe auffassen und sich dann in den Schmollwinkel zurückziehen.

Eine schlechte Service-Kultur des Unternehmens kann selbst bei hoch motivierten und serviceorientierten Mitarbeitern einen Leistungseinbruch zur Folge haben: zum Beispiel dann, wenn der Chef exzellente Service-Leistungen ignoriert oder wenn die Produkte und Dienstleistungen des Unternehmens derartige Mängel aufweisen, dass der bloße Gedanke daran den um Service bemühten Mitarbeiter unter Stress setzt. Wir lernen also: Service ist ein Sensibelchen.

Aber wir können nicht ohne Service. Also lassen Sie uns die Samthandschuhe anziehen und den Service-Gedanken behutsam hochpäppeln. Dabei helfen können uns genau die, die im Mittelpunkt der Aufmerksamkeit stehen: die Mitarbeiter und die Kunden. Beginnen wir mit den Mitarbeitern.

Die Mitarbeiter als Treiber von Service-Exzellenz

Kultur lässt sich nicht von außen aufoktroyieren. Jedes Unternehmen hat seine eigene Geschichte, oftmals wunde Punkte und besondere Erfolgsgeschichten. Umstrukturierungen sind in vielen Fällen zwar auf dem Papier abgeschlossen, aber noch lange nicht in den Köpfen der Mitarbeiter. Diese Details muss man berücksichtigen. Und so braucht jedes Unternehmen seine individuelle Umsetzungsstrategie. Mit einer Vorgehensweise nach »Schema F« wird man sicher keinen Erfolg haben.

Ich arbeite deshalb in Kulturfragen mit Systemen »von Mitarbeitern für Mitarbeiter«. Diese Vorgehensweise setzt die volle Rückendeckung und Unterstützung der Unternehmensleitung voraus. Es hat sich sehr bewährt, im ersten Schritt eine **Task Force** für das Thema Service-Kultur zu bilden. Experten für Veränderungsmanagement sprechen bei einer solchen Truppe auch von **Botschaftern** oder **Change-Agents**. Und in vielen Unternehmen zeigt es sich, dass die gewählten Personen diesen Job gern übernehmen. (Agent klingt cool!)

Mission Service

Die Agenten werden aus unterschiedlichen Hierarchien und Bereichen ausgewählt – ich überlasse die Wahl in der Regel den Führungskräften (es ist aber auch möglich, die Vertreter direkt von der Basis wählen zu lassen). Die Anzahl hängt von der Größe des Unternehmens ab und davon, wie es arbeitet.

Agenten mit hohem Wirkungsgrad sind solche, die man früher auch als Klassensprecher gewählt hätte: Sie sind Meinungsführer, sie sind kritisch und konstruktiv und sie interessieren sich im Idealfall für den Erfolg der gemeinsamen Sache mehr als für ihren eigenen Erfolg. Sie haben keine Angst, auch einen ganz anderen Standpunkt zu vertreten als andere Meinungsführer der Basis oder als die Vertreter des Managements.

Um die Task Force in das Thema zu involvieren, laden wir sie im ersten Schritt zu einem Workshop in kleiner Runde ein. In der Regel verraten wir im Vorfeld noch nicht im Detail, was auf sie zukommt. Sehr wohl aber kommunizieren wir, dass die Mitarbeiter aufgrund ihrer herausragenden Leistung oder Persönlichkeit eingeladen sind, das Thema Service-Kultur mitzugestalten.

Aufgaben der Service-Agenten

➤ Mitgestaltung einer auf das Unternehmen maßgeschneiderten Service-Offensive

➤ Vorleben des Service-Selbstverständnisses

➤ Ansprechpartner für alle Abteilungen

➤ Bindeglied zwischen Projektleitung und operativen Mitarbeitern in den Abteilungen

---

Und was macht der Chef?

Der Erfolg oder Misserfolg von Service-Kultur hängt immer von der Art der Führungs- und Kommunikationskultur ab, die ein Unternehmen prägen. Akzeptiert werden letztlich nur Grundsätze, die auch von den Vorgesetzten begeistert und konsequent mitgetragen, ja vorgelebt werden. So darf sich ein Chef, der selbst die Kunden kaum beachtet, nicht wundern, wenn sein Verhalten Nachahmer findet.

Ein erstes Erfolgskriterium für die Zusammenarbeit mit der Task Force ist, dass der Chef des Unternehmens den Workshop mindestens eröffnet und beendet. Dass er das macht und wie er das macht, sind deutliche Signale für die Priorität, die das Unternehmen dem Thema Service-Kultur einräumt. Es ist auch ein Zeichen der Wertschätzung für das Engagement der Task Force.

Ich bringe den Blick von außen und die Expertise ein. Mein Part ist, bei den Mitarbeitern das Feuer für das Thema Service-Exzellenz zu entfachen, sie dafür zu begeistern, die »Service-DNA« ihres Unternehmens mitzuprägen, bei ihnen einen Handlungsbedarf zu erzeugen, die Lust auf Veränderung zu schüren – und natürlich auch Ideen und Vorschläge einzubringen.

Und dann geht es in vier Schritten zur perfekten Service-Revue. Kommen Sie mit?

Von der Eintagsfliege zum nachhaltigen System

Kehren wir noch einmal auf die Show-Bühne zurück. Wenn Sie eine perfekte Revue inszenieren wollen, dann reicht es nicht, wenn Sie Ihre Leute auf die Bühne schicken und sagen: »Jetzt macht mal irgendwas. Und nicht vergessen: Immer lächeln!«

Vielleicht haben Sie das Glück, dass einige Ihrer Künstler sehr gute Nummern vorbereitet haben – und diese auch beherrschen. Wahrscheinlich aber geht die eine Nummer gut und die nächste ist eher peinlich, während die Darbietung der übernächsten abgebrochen wird. Der eine Künstler ist gut drauf, der nächste hat keine Lust. So wird das natürlich nichts mit der perfekten Show. Sie brauchen:

➤ eine genaue Vorstellung davon, wie die Revue aussehen soll – die Sie am besten gemeinsam mit Ihren Darstellern entwickeln

➤ Arbeitsabläufe hinter den Kulissen, die auf diese Vorstellung zugeschnitten sind

➤ ein Training aller Beteiligten, bis das gewünschte Qualitätsbewusstsein in den Köpfen angekommen ist und alle Nummern sitzen

➤ und schließlich eine ständige Kontrolle und Verbesserung Ihrer Show

Auch in der Praxis Ihres Unternehmens funktioniert die Etablierung einer Service-Kultur nur mit Systematik, nicht aber mit Laissez-faire oder spontan ausgewählten Maßnahmen. Sie brauchen konkrete, detaillierte und vor allem auf das jeweilige Unternehmen zugeschnittene Regieanweisungen.

Diese allerdings sollten nicht wie ein Korsett wirken – und den Mitarbeitern die Luft zum Atmen nehmen. Nein, es geht eher um die Entwicklung von Leitlinien, innerhalb deren sich jeder Mitarbeiter frei bewegen und sich eine ganz persönliche Service-Haltung ableiten kann, aus der heraus er seine Kunden mit Lust und Laune, spontan und positiv überraschen kann.

Abb. 9: Die vier Etappen zu einer exzellenten Service-Kultur

Meiner Erfahrung nach kann jedes Unternehmen eine exzellente Service-Qualität erreichen, wenn es folgende vier Schritte (oder: Etappen) konsequent geht – wobei ich diesen Weg als Service-Regisseurin und Trainerin gern begleite.

1. **Leitlinien**: Festlegen der Standards mit konkreten Strategien

2. **Implementierung**: Kommunikation der Leitlinien und Widerspiegelung in der Führungsstruktur

3. **Systematisierung**: Schaffung der für die Umsetzung der Leitlinien nötigen Infrastruktur, regelmäßiges Training der Mitarbeiter, Definition und Anwendung der Spielregeln

4. **Controlling, Feinjustierung, Optimierung**: Festlegung der Messgrößen für den Erfolg der Umsetzung, Mystery-Shopping, Kundenbefragungen, Mitarbeitergespräche

1. Leitlinien entwickeln

Wenn ich den Auftrag habe, einem Unternehmen zu einem besseren Service zu verhelfen, beginne ich immer mit einer Bestandsaufnahme – und zwar zusammen mit den gewählten Vertretern der Task Force. Hier kommt alles auf den Tisch, was in Sachen Service im Moment gut funktioniert – und was mäßig bis absolut nicht klappt.

Das ist ein relativ schonungsloser Prozess, der ganz unterschiedliche Reaktionen auslösen kann. Die einen sind erleichtert, dass endlich offen über Missstände gesprochen wird, die anderen finden es eher schmerzhaft, sich mit den Wachstumspotenzialen (um nicht zu sagen: Schwächen) ihres Unternehmens auseinanderzusetzen.

Fakten auf den Tisch

Die Analyse der aktuellen Situation kann mit einem Brainstorming der versammelten Mitarbeiter beginnen: Definieren wir Service? Und wenn ja: Wie?

➤ Wer sind unsere Kunden?

➤ Mit welchen Kunden steht unser Unternehmen in Kontakt?

➤ Welche Kundenkontaktpunkte gibt es in unserem Unternehmen?

➤ Wie verhalten wir uns in diesen Situationen?

➤ An welchen Punkten bieten wir bereits sehr guten Service?

➤ Wo gibt es »Schmerzpunkte« wie Wartezeiten, schlechte Erreichbarkeit, mangelnde Transparenz für den Kunden?

➤ Wie treten wir persönlich auf (Kleidung, Sprache, etc.)?

> Sind unsere schriftlichen Unterlagen kundenfreundlich gestaltet (Broschüren, Rechnungen)?

> Welches Erscheinungsbild bietet unser Unternehmen (Gebäude, Besprechungszimmer, Verkaufsfläche)?

> Wie gut ist unser Unternehmen erreichbar (Telefon, Öffnungszeiten)?

Oftmals gibt es im Unternehmen auch »offizielle Texte«, die wir natürlich integrieren wollen, wie zum Beispiel

> ein formuliertes Unternehmensleitbild

> eine Unternehmens-Vision

> oder eine Mission.

Ideal ist es, wenn aussagekräftige Studienergebnisse und Kennzahlen vorliegen:

> Zielgruppenanalysen

> Ergebnisse der Marktforschung (zum Beispiel Daten der GfK)

> Kundenbefragungen

> Mitarbeiterbefragungen

> Auswertung von Dialogforen

> Ergebnisse von Mystery-Shoppings

> Ergebnisse von Erreichbarkeitstests

> Reklamationsquoten

> Empfehlungsquoten

> Wiederkaufsquoten

> Kündigungsquoten

Machen Sie sich an die Arbeit! Werten Sie alles aus, was Sie bekommen können. Auf dieser Grundlage können Sie die IST-Situation skizzieren. Wenn Sie dies als Basis erarbeitet haben, fällt der nächste Schritt oft gar nicht mehr so schwer: der Entwurf einer gemeinsamen Wunschvorstellung darüber, wie die zukünftige Service-Qualität konkret aussehen soll, mit der Sie Ihre Kunden begeistern wollen.

Und damit wären wir schon bei den Leitlinien – und bei einer Diskussion, die ich in sehr vielen Unternehmen führe.

Service-Leitlinien: Konformismus oder wertvolle Hilfe?

Oft entsteht eine Diskussion wie: »Brauchen wir so etwas wie Leitlinien oder Service-Werte überhaupt?« »Nimmt uns das nicht die Kreativität und den Freiraum?« »Sind das nicht lauter Selbstverständlichkeiten, die sowieso jeder kennt?« Nun – wenn das so wäre, dann würden wir in einem Service-Paradies leben. Tun wir aber nicht. Und natürlich haben Sie recht, wenn Sie jetzt kontern: »Wenn jemand nicht motiviert ist, nützen auch die schönsten Service-Leitlinien nichts.«

Fakt ist aber, dass vielen Mitarbeitern im Detail gar nicht klar ist, welches genau ihr Beitrag zum Thema Service-Kultur ist. Bei einer Unternehmensgröße, die eine Kommunikation auf Zuruf ermöglicht, ist es vielleicht noch etwas einfacher, die Philosophie des Chefs bei den Mitarbeitern zu verankern. Aber sobald es mehrere Standorte und Abteilungen (der Ausdruck Abteilung spricht ja schon für sich) gibt, stößt man an seine Grenzen. Oft steht zwar im Unternehmensleitbild abstrakt geschrieben: »Wir denken und handeln kundenorientiert und bieten dem Kunden einen Nutzen« oder so ähnlich. Aber was heißt das für den Mitarbeiter im Alltag? Nehmen wir einmal das Thema Freundlichkeit. Wenn ich Mitarbeiter frage: »Verhalten Sie sich freundlich?«, hat noch nie jemand geantwortet »Nein«. Und trotzdem erleben wir alle tagtäglich Situationen, die uns das Gegenteil beweisen. Es gibt eben sehr viele Facetten der Freundlichkeit.

Beispiel DBA

Das Motto für das Brand Behaviour der Fluglinie Deutsche BA beispiels-weise war »Be brilliant, sparkling and colourful«. Es war erwünscht – und wurde mit Schulungen unterstützt –, dass die Flugbegleiter nicht nur informierten und betreuten, sondern auch unterhielten. Ansagen in un-terschiedlichsten Dialekten oder ein Scherz gehörten zur Tagesordnung. Musste eine Maschine auf dem Rollfeld längere Zeit auf die Starterlaubnis warten, wurde mit Tetrapacks jongliert oder ein Quiz durchgeführt. Zum Geburtstag eines Gastes sang die Crew schon mal ein Ständchen und über-reichte ein Piccolo. Manche Einlagen waren bühnenreif. Hin und wieder höre ich noch heute, Jahre später, Menschen begeistert von einem DBA-Borderlebnis erzählen. Und es gab durchaus Fluggäste, die enttäuscht wa-ren, wenn sie auf einem DBA-Flug einmal keine Showeinlage erlebten. Die Umsetzung funktionierte nur, weil der Service-Wert definiert und beschrie-ben war. Die Mitarbeiter wussten und hatten (meistens) ein gutes Gefühl dafür, was sie unter »Be brilliant, sparkling and colourful« zu verstehen hat-ten. Das war ohne Zweifel eine sehr spezielle Art von Freundlichkeit, die bei vielen anderen Fluggesellschaften schwer vorstellbar wäre. Lufthansa, Singapore Airlines oder Ryanair leben wiederum ihre eigene, ganz andere Philosophie.

Die entscheidende Frage ist: Wissen die Mitarbeiter in Ihrem Unter-nehmen genau, was guter Service bei Ihnen bedeutet? Und wissen sie auch, welches ihr Beitrag zum Gelingen ist? Es gibt viele Argu-mente, die für Service-Leitlinien sprechen: Service-Leitlinien geben Mitarbeitern ein Bild. Sie schaffen Orientierung und Sicherheit im Umgang mit Kunden und Kollegen. Sie sparen Zeit. Neue Mitarbei-ter können schneller und besser in die Service-Kultur eines Unter-nehmens eingearbeitet und integriert werden. Service-Leitlinien ha-ben eine Wirkung nach innen und nach außen. Sie erhöhen auch den Umsetzungsdruck im Unternehmen.

Und ja, sie bergen die Gefahr der Eintönigkeit oder des Einheits-breis, wenn sie nicht immer wieder mit neuem Leben gefüllt werden. Denn auch Service-Werte sind nicht statisch, sondern dynamisch. Die Task Force für Service-Kultur ist auch dafür verantwortlich, im-mer wieder zu hinterfragen, welche Prozesse noch aktuell sind und welche angepasst, überarbeitet, erweitert oder gar gestrichen werden sollten.

Oder welche zu eng werden: Zu enge Vorgaben erschweren die Arbeit. Verhindern Sie das! Sonst werden Mitarbeiter nicht Treiber von Kundenorientierung, sondern mutieren zum Trottel. Sie kennen sicher die Anrufe von Call-Center-Mitarbeitern, die sich streng an Gesprächsleitfäden orientieren müssen – und bei außerplanmäßigen Situationen ins Straucheln geraten.

Tragisch oder komisch?

Eine namhafte Versicherung fragte über ihr Call-Center bei einem älteren Herrn an, ob dieser nicht an einer Zahnzusatzversicherung interessiert sei. Am Telefon meldete sich aber nicht der anvisierte Herr, sondern dessen Tochter. Ihr Vater sei heute Morgen verstorben, sagte sie der Call-Center-Mitarbeiterin – emotional deutlich erschüttert. »Kunde verstorben« war als Reaktion auf dem Formblatt der Mitarbeiterin aber offensichtlich nicht vorgesehen. Also orientierte sie sich wohl an »Kunde umgezogen« und sagte nach einer kurzen Denkpause: »Es geht um eine Zahnzusatzversicherung.« Die Tochter sagte betroffen: »Ich sagte Ihnen doch gerade, mein Vater ist heute verstorben.« Worauf die Call-Center-Mitarbeiterin fragte: »Ach so, ja. Sind vielleicht Sie selbst an einer Zahnzusatzversicherung interessiert?«

Das Tagesgeschäft kann niemals hundertprozentig abgebildet werden. Mitarbeiter brauchen Freiheit und Mitarbeiter brauchen Orientierung, damit sie im Zweifelsfall nicht nur nach Gutdünken handeln, sondern auf ihren Verstand und ihr Gespür vertrauen können, im Sinne des Kunden und des Unternehmens gut zu entscheiden. Was eigentlich eine Selbstverständlichkeit sein sollte – doch bürokratische Strukturen, verbunden mit einem hohen Leistungsdruck und/oder einer Angstkultur machen Mitarbeiter wirklich »blöd«.

Was ist ein Leitbild?

Ein allgemeingültiges Motto, das für jedes Unternehmen oder gar für jede Branche passt, ist kein Leitbild. »Der Mensch im Mittelpunkt« taucht zum Beispiel in vielen Leitbildern auf – wahrscheinlich weil es kuschelig und durch die literarische Stilfigur der Alliteration (Stabreim) sogar wichtig und richtig klingt. Dabei könnte die Aussage kaum allgemeiner formuliert sein. Stellen Sie sich vor, Sie seien Mitarbeiter in einem Fitnessstudio, in einem Alu-Walzwerk oder bei einem Fernsehsender. Was würden Sie mit der Aussage »Der Mensch im Mittelpunkt« konkret anfangen? Wenig, wahrscheinlich.

Nur ein Leitbild, das das Spezifische des eigenen Betriebs widerspiegelt, führt zu einer Service-Kultur, die eine Unterscheidung von den Wettbewerbern möglich macht. Im Idealfall wirkt es so wie die ins Meer gerammten Pflöcke, die den Fähren vom Festland nach Föhr den Weg zum Hafen weisen. Managementexperte Knut Bleicher spricht etwas abstrakter von einem Leitsystem, »an dem sich alles Handeln orientieren soll« und das »die grundsätzlichsten und damit allgemeingültigsten, gleichzeitig aber auch abstraktesten Vorstellungen über angestrebte Ziele und Verhaltensweisen der Unternehmung« enthält.[40] Gleichzeitig muss das Leitbild so formuliert sein, dass jeder Mitarbeiter es verstehen und umsetzen kann. Wie wir am Beispiel Ritz-Carlton gesehen haben, kann es verschiedene Elemente beinhalten.

Die Elemente eines Leitbildes

➤ **Die Vision**: Das Zukunftsbild eines Unternehmens. Jack Welch hat die Vision beschrieben als »etwas Großes, aber es muss klar und verständlich sein«.

➤ **Die Mission**: Der Auftrag einer Organisation. (Beispiel Nokia: »Connecting People«)

➤ **Shared Values**: Die Werte und Grundüberzeugungen, die alle Manager und Mitarbeiter teilen sollen.[41]

Davon ausgehend können (und müssen) konkrete Regieanweisungen an alle Mitarbeiter abgeleitet werden, sodass es für alle Standards und Prozesse Richtlinien gibt. Das kann bis zu individualisierten Textbausteinen für die schriftliche Kommunikation mit Kunden gehen, zu Vorgaben, wie sich Mitarbeiter am Telefon melden sollten und ob sie ihre Kunden als Ladys und Gentlemen (Ritz-Carlton) oder eher als Freunde (»Hey!«, »Du!«, IKEA) ansprechen sollten.

Nicht alles Gute kommt von oben

Eine Vision oder ein Leitbild muss nicht automatisch ausschließlich »von oben« aus der Chefetage kommen, auch wenn es Unternehmen gibt, die das erfolgreich so praktiziert haben und noch praktizieren: So wollte Werner von Siemens ein weltweites Fernsprechleitungsnetz aufbauen. Adi Dassler hatte die Idee, jeden Sportler mit dem besten Schuh für seine individuelle Disziplin auszustatten. Die Gründer von Apple waren beseelt von der Vision, den Computer zu demokratisieren, und der Gründer von IKEA davon, Design zu demokratisieren. Das aber sind die Geschichten exzeptioneller Gründerpersönlichkeiten – so etwas gibt es nicht alle Tage.

Dass sich viele Inhaber mittelständischer Firmen oder Top-Führungskräfte aus Konzernen nichts sehnlicher wünschen, als auch einmal so eine wunderbare Vision zu haben, ist natürlich verständlich. Denn nur, wer sich hundertprozentig mit der Service-Kultur identifiziert, weil er sie selbst mit geschaffen hat, wird sie auch mit Leidenschaft und voller Überzeugung in die Tat beziehungsweise in Service umsetzen. Bis aber die segensreiche Eingebung kommt, kann es sehr hilfreich sein, ein Leitbild gemeinsam mit der Mannschaft zu erarbeiten.

Werkzeuge

Mitarbeiterbefragung

Wenn Sie herausfinden wollen, wo es in Ihrem Unternehmen servicetechnisch klemmt, und gleichzeitig Ihre Mitarbeiter für Service-Themen wach machen wollen, dann empfiehlt sich eine Mitarbeiterbefragung. Experten für Veränderungsprozesse sind sich heute einig darüber, dass dieses Instrument nicht nur Informationen bringt, sondern selbst schon wie ein Change-Werkzeug wirkt. Warum? Es setzt beim einzelnen Mitarbeiter Denkprozesse in Gang und sorgt nicht selten für heiße Diskussionen auf den Fluren. Und bereits zwischen der Befragung und der Auswertung der Umfrage lassen sich erste Änderungen der Kultur feststellen.

Mitarbeiterbefragungen haben sich seit Mitte der 1990er-Jahre als Führungsinstrument verbreitet. 80 Prozent der 820 befragten größten Unternehmen im deutschsprachigen Raum haben bereits Erfahrungen in Sachen MAB gesammelt, 66 Prozent führen sie mindestens zweimal jährlich oder noch häufiger durch, 86 Prozent der Unternehmen bescheinigen ihr einen hohen Nutzen – das zeigt eine Umfrage von 2007.[42] Regelmäßig durchgeführte Mitarbeiterbefragungen haben großes Potenzial: Sie dienen als Kommunikationsinstrument zwischen Management und Mitarbeitern, sie liefern oft überraschende Hinweise und die Chance, langfristige Veränderungen zu entwerfen und zu messen.

Es gibt zahllose Methoden der Mitarbeiterbefragung. Sie können sie allein durchführen oder mithilfe externer Experten. Sie können sich auf vorgegebene Fragenkataloge stützen oder Ihre Mitarbeiter dazu einladen, selbst Fragen zu formulieren (was wieder zu heißen Diskussionen führt).

Um Missverständnisse zu vermeiden: Eine Mitarbeiterbefragung hat nicht das Ziel, es allen recht machen zu wollen. Es ist völlig in Ordnung, sich auf die wichtigsten Punkte zu konzentrieren. Wenn Sie von Anfang an klar kommunizieren, dass es aus Zeit- und Budgetgründen gar nicht möglich ist, alle Punkte umzusetzen, schlüssig erklären, warum die Wahl auf bestimmte Punkte fällt, und die anvisierten Veränderungen dann schnell und nachhaltig umsetzen – dann gewinnen Sie Vertrauen unter den Mitarbeitern. (Umgekehrt: Wenn Sie nicht klar sagen, was eine Befragung leisten kann und was Sie mit der Befragung erreichen wollen, dann breitet sich unter den Mitarbeitern möglicherweise der Irrglaube aus, man könne jetzt einen »Wunschzettel« einreichen und werde anschließend wunschgemäß beschenkt.)

Themen

Wenn Sie wissen wollen, warum es in Sachen Service hakt, können Sie zum Beispiel Fragen zu folgenden Themen stellen:

➤ Allgemeine Arbeitsbedingungen

➤ Kommunikation und Information

➤ Zusammenarbeit zwischen den Abteilungen

➤ Verhalten der Führungskräfte

➤ Einstellungen zur Service-Orientierung

Publikation der Ergebnisse

Wichtig ist, dass Sie schnell auswerten, die Ergebnisse schnell publik machen und mit den ersten Veränderungsmaßnahmen schnell starten, damit Sie den Energieimpuls der Befragung noch nutzen können. Die Publikation kann auch in drei Schritten stattfinden – zum Beispiel so:

1. Sie geben schon kurz nach der Befragung öffentlich bekannt, wie viele Mitarbeiter sich beteiligt haben, und bedanken sich bei allen Teilnehmern für ihre Offenheit und Unterstützung.

2. Spätestens nach vier Wochen kommunizieren Sie die ersten Ergebnisse und sagen, nach welchen Kriterien Sie im nächsten Schritt die Punkte auswählen, die umgesetzt werden sollen.

3. Anschließend leiten Sie konkrete Maßnahmen ab und treiben deren Umsetzung voran.

Die Ergebnisse der Befragung können Sie wie folgt darstellen:

Allgemeine Arbeitsbedingungen: Wenn Sie diesen Punkt als offene Frage formuliert haben, können Sie die häufigsten Nennungen sammeln und der Reihe nach präsentieren. Zum Beispiel:

> ➤ 1. Datenbank mit allen relevanten Ansprechpartnern (51 Nennungen)
>
> ➤ 2. Benutzerfreundlichere Telefonanlage (35 Nennungen)
>
> ➤ 3. Übersichtlichere Info-Flyer (24 Nennungen)

So ergibt sich häufig auch schon Klarheit darüber, welche Punkte dringend verbessert werden müssen.

Das Thema **Kommunikation und Information** können Sie Punkt für Punkt abfragen und bewerten lassen (zum Beispiel mit Schulnoten) – je nachdem, welche Kanäle in Ihrem Unternehmen relevant sind und wie diese genutzt werden (Versammlungen, Intranet, Mitarbeiterzeitungen, Infos über E-Mail-Verteiler). Die Kanäle mit den schlechtesten Bewertungen landen auf den letzten Plätzen und werden zu Ihren ersten Baustellen im Veränderungsprozess.

Fragen Sie nach der **Zusammenarbeit zwischen den Abteilungen**, betreten Sie möglicherweise vermintes Gelände. Oft herrscht traditionelle Feindschaft zwischen diesen und jenen – und gelegentlich meinen Abteilungen, sie kämen nicht gut miteinander zurecht, obwohl es faktisch kaum Probleme, weil kaum Berührungspunkte gibt. Es kann sich als hilfreich erweisen, hier gemeinsam mit Mitarbeitern eine Landkarte der Konflikte zu entwerfen und an den »schlimmsten Fronten« mit geeigneten Maßnahmen eine bessere Kooperation zu unterstützen.

Wenn Sie **Aussagen zur Service-Orientierung** abgefragt haben, bietet es sich an, die heutige Service-Haltung der Mannschaft mit der in Zukunft gewünschten Haltung zu kontrastieren:

Service-Orientierung heute	Und in Zukunft
Der Vertrieb kümmert sich bei uns um die Kunden.	Jeder hat Verantwortung für eine gute Kundenbeziehung.
Der Kunde war schon immer da.	Kunden sichern unsere Zukunft.
Die Anbieter sind doch sowieso alle gleich.	Wir sind besser als die Konkurrenz.
Kunden wechseln doch nicht für ein paar Euro.	Wir richten unsere Prozesse immer besser auf den Kunden aus, um ihm einen Mehrwert zu bieten und ihn enger an uns zu binden.
Der Kunde? Der ist irgendwo da draußen.	Auch die Kollegen in anderen Abteilungen sind meine Kunden.

Fragen zum Verhalten der Manager sind ein heißes Eisen, mit dem Sie sehr vorsichtig umgehen sollten. Nicht selten kommt es hier zu unangenehmen Überraschungen aufseiten der Führungskräfte. Um Eskalationen zu vermeiden, sind Einzelgespräche mit den betroffenen Führungskräften hilfreich und Workshops mit den entsprechenden Teams – wobei die Hilfe eines externen Coachs oder Trainers sinnvoll sein kann.

Folgende Punkte (hier eine kleine Auswahl) können Sie zum Beispiel mit Schulnoten (von 1 bis 6) bewerten lassen

➤ Rechtzeitige und ausreichende Information der Mitarbeiter

> ➤ Förderung der Zusammenarbeit und Vernetzung der Mitarbeiter
>
> ➤ Schnelle und durchdachte Entscheidungen im Sinne der Kunden
>
> ➤ Zuverlässige Einhaltung von Vereinbarungen
>
> ➤ Realistische und verständliche Zielsetzungen

In der Kürze liegt die Würze

Auch wenn Sie gern »alles« wissen wollen: Bei Mitarbeiterbefragungen ist weniger oft mehr – insbesondere dann, wenn Sie sich auf ein einziges Thema wie Service konzentrieren. Mitarbeiter sind oftmals eher bereit, kurze Fragenkataloge zu beantworten, als sich stundenlang mit vielen Fragebögen auseinanderzusetzen. Und wenn sich die Befragung auf wenige, besonders relevante Punkte konzentriert, die später zügig in Veränderungsmaßnahmen überführt werden, bleibt bei Mitarbeitern der Eindruck: »Eine solche Befragung bringt wirklich etwas.« So schaffen Sie die beste Voraussetzung dafür, dass sie auch bei der nächsten Welle wieder mitmachen.

Dem Kunden ein Gesicht geben

Einige Unternehmen haben ihre Kunden nicht auf den Kartoffelfeldern der Marktforscher verteilt und wissen eigentlich gar nicht, für wen sie genau arbeiten. Läuft das in Ihrem Unternehmen auch so? Dann ab aufs Kartoffelfeld. Sie werden sehen, dass Sie eine größere Ernte einfahren, wenn Sie wissen, für wen Sie eigentlich säen.

Trotzdem gilt: Auch in den Unternehmen, die ihre Märkte hoch professionell segmentieren, bleibt der Kunde oftmals ein unbekanntes Wesen. Viele Mitarbeiter können sich unter ihren Kunden überhaupt nichts vorstellen – oder jeder stellt sich etwas anderes vor. Das lässt sich ändern – mit einem Werkzeug, das den Mitarbeitern sehr viel Spaß macht: Setzen Sie sich mit allen relevanten Mitarbeitern zusammen und geben Sie Ihren Kunden ein Gesicht, eine Stimme, einen ganzen Look und vielleicht sogar ein Haus (das muss ja nicht gleich lebensecht sein, eine Kulisse im Puppenstubenformat tut's auch).

Heinz, Josy und Werkzeugbauer Fritz

Beispiel Wurthersteller: Der klassische Käufer von Bratwurst ist gar nicht Emma Plottke, sondern Heinz Becker. Er ist der Herr der Gartenfeste, der Herrscher über den Grillrost, gleichzeitig Fußballfan und leidenschaftlicher Verspeiser von Kartoffelsalat. Er ist eher unsportlich und, sagen wir mal, 42 Jahre alt. Es hilft den Mitarbeitern der Marketingabteilung genauso wie den Key Accountern und den Vertriebsleuten in der Fläche, wenn Sie Heinz Becker im Hinterkopf haben. Lassen Sie ihn lebendig werden! Kleben Sie Collagen, lassen Sie einen Film drehen, spielen Sie Theater! Wenn die gesamte Prozesskette weiß, wie Heinz tickt, steht schlussendlich die Wurst im Supermarkt neben dem Kartoffelsalat und im Internetauftritt des Wurstherstellers gibt es jede Menge Service zur Fußballsaison.

Beispiel Geschenkbuch: Hier haben es Verlage nicht mit einer Zielgruppe zu tun, sondern mit vielen. Die jüngere, urbane Zielgruppe (Josy) kauft den »Neger Wumbaba«, die ältere, konservativere (Marianne) zieht religiöse Sinnsprüche vor – um nur zwei Beispiele zu nennen. Wenn Lektorinnen und Vertriebsleute sich Josy, Marianne und darüber hinaus noch zig typische Käuferinnen und Käufer von Geschenkbüchern vorstellen können, dann funktioniert auch die konsequente Kundenorientierung in der Prozesskette: von der Herstellung über den Handel bis in Mariannes Handtasche.

Beispiel Energiemarkt: Auch die Kunden von Gas- oder Stromlieferanten sind nicht alle gleich. Die einen wohnen in kleinen Wohnungen, haben wenig Geld und wollen möglichst wenig mit ihrem Energieversorger zu tun haben (Ruth und Rainer aus der Studenten-WG). Die anderen (Werkzeugbau Fritz GmbH & Co. KG) haben ganze Maschinenparks mit Energie zu versorgen, brauchen Rundum-sorglos-Pakete, damit die Firma läuft und sind gern bereit, etwas mehr dafür zu zahlen. Wenn der Energielieferant das weiß, nervt er Ruth und Rainer nicht mehr mit überflüssigen Super-Extra-Paketen und kann Werkzeugbauer Fritz mit Rundum-Service dabei helfen, wirtschaftlicher zu arbeiten.

Sich permanent die Kundenbrille aufzusetzen und bewusst den Perspektivenwechsel zu suchen – das ist die Basis für eine exzellente und gelebte Service-Kultur.

Der Weg zum Leitbild

➤ Gründen Sie ein Team (das kann auch Ihre Task Force sein), das Sie mit der Aktualisierung oder Formulierung Ihres Leitbildes beauftragen.

➤ Diskutieren Sie Leitbilder anderer Unternehmen, die Ihnen gut gefallen. Sammeln Sie Ideen und suchen Sie Gemeinsamkeiten mit ihnen.

➤ Holen Sie sich Inspiration durch ausgewiesene Experten. So engagierte mich zum Beispiel ein Klinikverbund, um im Vorfeld der Führungskräfteklausur einen Vortrag zum Thema »Kundenbegriff und Service-Kultur« zu halten. Und ein weiterer Experte beleuchtete kritisch, ob man in der Medizin überhaupt von Kunden sprechen kann. Das Ziel war, über den Tellerrand zu blicken und Gedanken anzustoßen.

➤ Formulieren Sie dann einen ersten Entwurf Ihres Leitbilds – vielleicht untergliedert in Vision, Mission und Shared Values – das muss aber nicht so sein. Ebenso können Sie ergänzend zu Ihrem Unternehmensleitbild einfach Service-Werte oder -Leitlinien, Kundenversprechen oder Grundsätze ausarbeiten.

➤ Kommen Sie wiederholt zusammen, um an Ihrem Leitbild zu feilen. Hinterfragen Sie noch einmal kritisch, ob das Leitbild authentisch und glaubwürdig ist.

➤ Halten Sie die Formulierungen kurz, einfach und verständlich. So kann es zum Beispiel auch zu jedem Wert eine kurze Überschrift oder ein Schlagwort geben und dann eine ergänzende, ausführlichere Erklärung.

➤ Versuchen Sie, das Leitbild mit Bildern, Symbolen oder einem Logo zu visualisieren, um die Wirkung zu verstärken. Einer meiner Kunden hat zum Beispiel für jeden Service-Wert ein Foto von Mitarbeitern in einer passenden Praxissituation gemacht. Jede Abteilung, ob mit oder ohne direkten Kundenkontakt, und das Management waren einmal abgelichtet.

➤ Diskutieren Sie, wie Sie mit Ihrer Task Force das neue Leitbild am besten im Unternehmen vorstellen.

2. Implementierung der Service-Leitlinien

Wie kommt die schöne Idee nun in die Firma hinein? Wie wird das stundenlang heiß diskutierte Leitbild zur gelebten Realität? Um keine falschen Erwartungen aufkommen zu lassen: Die Theorie kann nicht knirschfrei zur Praxis werden. Das geht gar nicht – und das macht auch gar nichts. Auf dem Weg von der Theorie in die Praxis zeigt es sich immer wieder, dass der gelebte Service sich ein wenig anders darstellt als gedacht. Auch eine fertig einstudierte Revue sieht am Ende immer etwas anders aus, als es das erste Konzept vorgesehen hat. Im Idealfall ist sie besser geworden, weil jeder seine besten Ideen eingebracht und am Detail gefeilt hat.

So ist es auch hier. Die Implementierung der Service-Leitlinien ist eine großartige Chance für Ihre Task Force. Meiner Erfahrung nach bereitet es den Service-Agents viel Vergnügen, das gemeinsam entwickelte Leitbild in die Mannschaft zu tragen. Aus folgenden Gründen:

Veränderungen setzen Energie frei

➤ 1. Die Task Force bekommt die Chance, ihre eigene Kreativität sichtbar in das Unternehmen einzubringen – sei es in Form von Sprache (das Leitbild lebt von der Formulierung), von Bildern (Logos, Symbole) oder von Events (Kick-off-Veranstaltungen). Das beflügelt.

> ➤ 2. Wenn die Service-Leitlinien konsequent umgesetzt werden, bedeutet das in vielen Fällen eine Änderung der bestehenden Strukturen im Unternehmen. Sprich: Alte Zöpfe werden abgeschnitten, überflüssige Dienstwege ausradiert, überkommene Fürstentümer demontiert. Das kann eine Menge Energie freisetzen.
>
> ➤ 3. Die Implementierung der Leitlinien fordert alle Beteiligten auf, sich selbst zu verändern. Dies stellt einerseits eine große Herausforderung dar (Sie kennen den »inneren Schweinehund« …), kann aber auch enorme persönliche Erfolgserlebnisse mit sich bringen.

Werkzeuge

Service-Leitsätzen Leben einhauchen

Konsequente Kundenorientierung spiegelt sich in nicht minder konsequenter Mitarbeiterorientierung wider. Anstelle von Strohfeuern in der Mitarbeiterkommunikation sind Konzepte mit Strategie und Nachhaltigkeitseffekt gefragt. Dem Lernen mit Spaß und Aktivität gehört die Zukunft. Die Konfrontation mit Ungewohntem und Überraschendem fördert die Aufmerksamkeit, der Zwang zur Interaktion kurbelt Denkprozesse an. Verständnis bedingt Erfahrung und Probleme müssen aus neuen Blickwinkeln betrachtet werden. Mitarbeiter wollen nicht nur beschallt werden, sondern selbst agieren – aber nicht in drögen Workshops mit Rollenspielen nach dem Schema »Du der Verkäufer, ich der Kunde« oder verstaubter Berieselung. Konzepte, die diese Grundsätze beherzigen, sind keine Eintagsfliegen, sondern haben inspirierende Langzeitwirkung. Das gilt ganz besonders beim Startschuss von Veränderungsprozessen wie der Implementierung von Service-Leitsätzen.

Viele Unternehmen machen ihre neuen Leitsätze über das Intranet, die Mitarbeiterzeitung oder die Führungskräfte bekannt. Manche organisieren eine Veranstaltung, in der die neuen Leitsätze von der Bühne aus vorgetragen werden. Allzu oft gibt es dann keinen genauen, weiteren Plan, kein Nachhaltigkeitskonzept. Und schon gar keine Umsetzungsmotivation bei den Mitarbeitern. Eine deutlich bessere Langzeitwirkung erreichen Sie, wenn Sie für jeden Leitsatz einen kleinen Workshop kreieren. Ich bereite dafür in der Regel die Task Force in einem Train-the-Trainer-Seminar auf die Moderation und Durchführung der Workshops vor. Manche Unternehmen entscheiden sich auch dafür, dass der Service-Agent im Tandem mit einer Führungskraft moderiert. Das erzielt dann noch einmal eine ganz besondere Wirkung bei den Mitarbeitern. Vorteil dieses Train-the-Trainer-Modells: mehr Authentizität, glaubwürdige Vermittlung der Botschaften und Praxistransfer durch Insider.

Für jeden Workshop entwickle ich im Vorfeld ein Drehbuch mit einer Aktivität, die genau auf die Botschaft des Leitsatzes abgestimmt ist und deren Bedeutung auf einprägsame Weise veranschaulicht wird. Ein Beispiel: Wenn 24 Menschen versuchen, gleichzeitig aus 24 per Faden wild miteinander verbundenen Tassen zu trinken, erleben Sie am eigenen Leibe, wie wichtig »übergreifendes Denken und Handeln« ist.

Abb. 10: Projekt in Zusammenarbeit mit der Agentur facts+fiction (www.factsfiction.com) *Bild: Reiner Dahmen, Köln*

Wenn dann der Kollege aus der Task Force in seiner Moderation die Aktivität noch mit Beispielen aus dem Unternehmensalltag untermauert, ist der Praxistransfer garantiert und selbst der eingefleischteste »Stirnrunzler« und Skeptiker kann ein Schmunzeln nicht unterdrücken. Sie sorgen für die Einbindung aller Mitarbeiter, jede Menge Gesprächsstoff rund um das Thema Service-Qualität und eine langfristige Verankerung der Leitsätze. Das ist der erste Schritt zu Ihrer Service-Kultur, dem natürlich weitere folgen müssen.

Die sinnvolle Gestaltung des »Startschusses« für die Service-Leitlinien hängt sehr von der Struktur und Größe eines Unternehmens ab. In manchen Unternehmen arbeite ich eng mit Event-Agenturen zusammen, andere wiederum nutzen interne Ressourcen aus der Marketing- und Personalabteilung. In einem Verbund von Handwerksunternehmen hat jede Firma einfach einen »Service-Botschafter« benannt. Hier setzen wir auf sehr individuelle Konzepte, die auf die Unternehmenskultur und -strategie zugeschnitten werden.

Machen Sie Ihr Leitbild präsent

Steter Tropfen höhlt den Stein. Setzen Sie im Arbeitsalltag möglichst wirkungsvolle Anker. Zum Beispiel so:

➤ **Claim**: Entwickeln Sie einen zentralen Claim (zum Beispiel »Technik die begeistert, Service der ankommt« – Claim der BayWa Technik) und machen Sie diesen Claim überall sichtbar. Zum Beispiel mit Plakaten, auf der Kleidung der Mitarbeiter, auf Aufklebern, Blöcken, Post-its.

➤ **Booklet**: Veröffentlichen Sie Ihre Leitbild-Sätze in Form eines kleinen Büchleins. Ideal ist es, wenn Sie Ihren Mitarbeitern zu jedem Leitsatz eine kleine Erklärung geben, damit sie sich besser vorstellen können, was das Leitbild für ihre konkrete Arbeit bedeutet.

➤ **Reminder**: Schauen Sie sich genau an, mit welchen Werkzeugen die Mitarbeiter Tag für Tag umgehen, deren Service-Haltung Sie unterstützen möchten, und »docken« Sie an bestehende Werkzeuge an. In diesen Fragen leistet die Task Force immer besonders wertvolle Beiträge aus Mitarbeitersicht.

Beispiele Reminder

Arbeiten Ihre Mitarbeiter hauptsächlich am PC? Dann sorgen Sie dafür, dass eben dieser Ihre Mitarbeiter an Service erinnert. Ganz einfach ist die Gestaltung eines entsprechenden Bildschirmschoners. In Kombination mit einem Telefonprogramm können Sie auch jedes Mal die in Ihrem Unternehmen gewünschten Grußworte einblenden lassen, sobald ein Mitarbeiter mit einem Kunden spricht. Allerdings ist nicht jeder Mitarbeiter, der an einem PC arbeitet, auch immer technikaffin. Deshalb bietet sich an, die Schreibtischunterlage ebenfalls als Service-Reminder zu gestalten.

Planen Ihre Mitarbeiter Termine mit Kalendern? Dann nutzen Sie die Chance, auf jeder Seite einen kleinen Beitrag zu einem Service-Thema zu platzieren – sei es in Form eines Zitats, einer auf die Kundenkontaktpunkte des Unternehmens zugeschnittenen Checkliste oder einer Sammlung von Tipps.

Fahren Ihre Mitarbeiter viel Auto? Außendienstler erreicht man am besten über ihre Ohren. Hier eignen sich Podcasts zum Thema Kundenservice – am besten im Wechsel mit einem unterhaltsamen Musikprogramm (ohne Musik entsteht allzu leicht der Charme eines belehrenden Telekolleg-Programms).

Sind Ihre Mitarbeiter viel in Verkaufsräumen unterwegs? Dann bieten sich zum Beispiel Filme an, die auf Monitoren in den Räumen und Treppenhäusern laufen, die dem Personal vorbehalten sind. Auch hier ist es sinnvoll, mit einer guten Portion Humor und Unterhaltung zu arbeiten, um Mitarbeiter nicht in eine Anti-Haltung zu treiben (»Glauben die da oben, ich höre mir in meiner Kaffeepause Vorträge an?«), sondern Service zu einem »angesagten« Gesprächsthema zu machen.

➤ **Symbol**: Möglicherweise finden Sie ein Symbol, das für Ihr Leitbild stehen kann. In einer Autowerkstatt kann dies zum Beispiel ein »lachendes« Modellauto sein (ähnlich wie im Disney-Film *Cars*). Dieses Symbol können Sie allen Mitarbeitern schenken. Wenn Sie durch einen intensiven Diskussionsprozess mit der Basis gegangen sind und die Idee der Symbolisierung aus der Basis oder von Ihrer Task Force kommt, ist es wahrscheinlich, dass viele Mitarbeiter dieses Symbol voller Stolz an einem besonderen Platz ihres Schreib- oder Werktisches aufbauen.

Service vorleben und einfordern

Nur wenn Worten Taten folgen und inkongruentes Handeln Konsequenzen hat, werden Leitbilder mit Leben gefüllt. Die Führungskräfte sind ab der Implementierungs-Phase deshalb besonders gefordert. Und zwar als

➤ **Gesprächspartner**, die mit ihren Mitarbeitern in täglichen Kurz-Konferenzen und darüber hinaus auch »zwischen Tür und Angel« über die Fortschritte in Sachen Service sprechen. Hier kann es hilfreich sein, Checklisten oder Gesprächsleitfäden zu erarbeiten.

➤ **Coaches**, die bei individuellen Umsetzungsproblemen helfen. Es ist wichtig, dass Führungskräfte die Performance der Mitarbeiter bewusst beobachten und von sich aus auf die Personen zugehen, die ihr Potenzial in Sachen Service-Orientierung noch nicht ausgeschöpft haben (um es freundlich zu sagen). Mit einer Laissez-faire-Haltung kommt hier kein Manager weiter.

➤ **Controller oder** »**Piekser**«, die sich via »Guten-Morgen-Anrufe« den Stand der Dinge spiegeln lassen, regelmäßig alle Standorte/Abteilungen besuchen, individuelle Ziele vereinbaren und deren Umsetzung vorantreiben. Es kann sich auch als sinnvoll erweisen, diesen Kontroll-Job nicht (oder nicht nur) auf das Management zu übertragen, sondern (auch) auf Ihre Task Force. So entsteht weniger Druck von oben, auf den viele Teams mit Gegendruck reagieren. Vielmehr es kommt zu einem Druck von unten, der auch das mitunter wenig dynamische mittlere Management zu rascheren Veränderungen in Bezug auf mehr Service-Orientierung motiviert (um nicht zu sagen: zwingt).

➤ **Vorbilder**, welche die Service-Grundsätze konsequent und mit Überzeugung vorleben. In Einzelfällen kann das eine gravierende Änderung des Verhaltens einzelner Führungskräfte bedeuten, die sich mit individuellem Coaching unterstützen lässt. Wenn das nicht fruchtet, sollten Sie Aufgabenwechsel in Betracht ziehen – denn Querschläger im Management können den gesamten Prozess untergraben.

Es ist sinnvoll, das mittlere Management früh in die Service-Offensive mit einzubinden und Führungskräftetagungen zu nutzen, um den Fokus auf den Kunden und die »neue« Service-Kultur im Unternehmen zu lenken. Das Unternehmen stellt die Ziele vor und die Task Force die Leitlinien. Auf einer Art »Marktplatz« können Sie auf einer Pinnwand jeden Leitsatz mit Details illustrieren und die Führungskräfte haben die Möglichkeit, im Dialog mit den Service-Agenten Ideen einzubringen und Feedback zu geben. Es versteht sich von selbst, dass jede Führungskraft auch an der Einführung der Leitlinien teilnimmt.

Der Kunde und das Thema Service-Kultur sollten ein fester Bestandteil der Agenda in Seminaren, Tagungen und Meetings werden, um Führungsinstrumente, Umsetzungsimpulse, Ideen und Erfahrungen auszutauschen. In großen Unternehmen kann eine interne »Service-Hotline« sinnvoll sein, welche die Führungskräfte bei Fragen zu den Service-Grundsätzen oder zu Messergebnissen unterstützt.

Umsetzungsideen sammeln

Rufen Sie einen Wettbewerb der Ideen aus (einer meiner Kunden nennt das Kundenverblüffungswettbewerb). Sie können diese Ideen danach sortieren, ob sie sich schnell und günstig oder eher langfristig und aufwendig zum Leben erwecken lassen:

➤ **Quick-Hits**: Solche Service-Ideen lassen sich sofort oder innerhalb von etwa sechs Wochen umsetzen. Es können Kleinigkeiten sein, die weder ein großes Budget erfordern noch mit anderen Abteilungen abgesprochen werden müssen. Der kleine Apfelbaum für den Bankkunden – das ist ein Beispiel für einen gelungenen Service-Schnellschuss, oder eine kundenfreundlichere Gestaltung des Warteraums oder die Erweiterung der Kunden-Adressdatei um eine Rubrik, in der die Vorlieben bestimmter Kunden eingetragen werden können.

➤ **Mittelfristige Projekte:** Damit sind Projekte gemeint, die sich in einem Zeitrahmen von rund drei Monaten realisieren lassen und etwas mehr Budget sowie Abstimmung innerhalb des Unternehmens erfordern. Ein Beispiel könnte der Aufbau einer langfristigen Kooperation mit einem externen Service-Partner sein (etwa mit einem Lagerservice für Autoreifen oder mit einem Anbieter, der sich um die Koffer fernreisender Hotelkunden kümmert) oder die Entwicklung eines neuen Ansprechpartnerkonzepts mit aktueller Datenbank.

➤ **Langfristige Projekte:** Größer angelegte Service-Initiativen können auch länger als drei Monate in Anspruch nehmen, viel Geld kosten und viele Gespräche mit anderen Abteilungen notwendig machen. Das trifft zum Beispiel zu, wenn die Schulung zahlreicher Mitarbeiter geplant oder wenn die gesamte Prozesskette des Unternehmens im Hinblick auf den Kunden umgestaltet wird.

Wir unterschätzen häufig, welche Wirkung »Awards« oder »Incentives« bei Mitarbeitern auslösen können. Auch wenn viele das Gegenteil behaupten und Auszeichnungen wie »Top Ten«, »Service-Champion«, »Service-Excellence«, »Service-Cup« mit einer wegwerfenden Geste abtun, beobachte ich immer wieder, dass sie dann doch die Ansteckandel mit Stolz am Revers tragen, die Urkunde gut sichtbar an die Wand hängen, die Trophäe mitten auf den Schreibtisch stellen und das Incentive gern annehmen. Es macht auf jeden Fall Sinn, brillante Ideen, aktive Projektarbeit und den guten Umgang mit dem Kunden auch immateriell zu honorieren.

3. Systematisierung

Ob Ihr Konzept ein Papiertiger bleibt oder zu einer perfekten Service-Revue wird, das zeigt sich im dritten Schritt. Jetzt geht es darum, die Leitlinien so im Unternehmen zu installieren, dass jeder Manager und jeder Mitarbeiter jeden Tag genau weiß, was er tun und wie er es tun sollte. Da hilft nur: ausprobieren, trainieren, immer wieder überprüfen, diskutieren, verbessern, auffrischen – und gegebenenfalls auch die notwendige Infrastruktur ausbauen.

Werkzeuge

Für jeden Aspekt einen Verantwortlichen

Je mehr Mitarbeiter Sie in kleine und große Service-Projekte involvieren können, umso besser. Das steigert das Verantwortungsgefühl, die Motivation und auch das Vertrauen in die Ernsthaftigkeit. Dabei hat es sich als sinnvoll erwiesen, für jeden Aspekt ein Team oder einen einzelnen Mitarbeiter zu benennen, der für die Umsetzung die volle Verantwortung trägt. Das kann die Umsetzung eines in den Leitlinien definierten Standards sein, kann sich aber auch auf die Umsetzung eines konkreten Service-Projekts beziehen, das daraus entstand. Erfolg versprechend ist es auch, wenn für jedes Projekt ergänzend noch eine Führungskraft als »Pate« verantwortlich zeichnet, um die Verbindlichkeit in beide Richtungen zu demonstrieren. Nur wenn Sie bestimmte Personen für bestimmte Aufgaben »festnageln«, vermeiden Sie, dass jeder auf den anderen wartet, und niemand bei sich selbst mit den notwendigen Änderungen beginnt.

Beispiel Reifenhandel

Einer kümmert sich um mehr Bequemlichkeit für den Kunden beim Warten auf »sein Auto«, ein anderer um Ideen für ein einladendes Äußeres des Geschäfts und ein dritter darum, wie die Wartezeit für den Kunden auf ein Minimum reduziert werden kann.

Regen Sie die Verantwortlichen dazu an, für ihre jeweilige Aufgabe messbare Ziele zu definieren. Schlagen Sie vor, das Erreichen der Ziele zu visualisieren – und gegebenenfalls für alle sichtbar am Arbeitsplatz aufzuhängen oder im Intranet einsehbar zu machen. So werden Fortschritte und weitere Wachstumspotenziale (um nicht zu sagen: Probleme) für alle sichtbar.

Übung macht den Service-Meister

Ein begleitendes Training und/oder Coaching hält alle Beteiligten bei der Stange. In vielen Unternehmen ist das Trainingsprogramm allerdings noch recht klassisch gestrickt (um nicht zu sagen: Die Konzepte sind von vorgestern). Abgesehen von fachlichen Schulungen werden Mitarbeiter oftmals nur selten und sehr unkoordiniert weitergebildet. Immer wieder höre ich von Führungskräften oder Unternehmern Sätze wie: »Aber wir haben doch alle Mitarbeiter in eine Telefonschulung geschickt ...« Service lässt sich aber nicht in zwei Tagen schulen und auch ein Vortrag kann immer nur ein Impuls sein. Weiterbildung in Sachen Service ist dann erfolgreich, wenn sie langfristig angelegt und praxisorientiert ist. Mitarbeiter lernen, wenn sie regelmäßig Erfahrungen, Beispiele, Fehlerquellen und Erfolgsgeschichten mit Kollegen austauschen. Und sie lernen auch noch gern und nachhaltig, wenn sie Wissen nicht nur vorgebetet bekommen, sondern es erleben.

Wirkungsvoll sind – ergänzend zum klassischen Trainingsprogramm – regelmäßige, kompakte Mikro-Workshops, in denen die Theorie mit Leben erfüllt wird und in denen Mitarbeiter aus den unterschiedlichsten Bereichen Probleme diskutieren und mit ihren Ideen neue Impulse geben können. Die Workshops können von Mitarbeitern aus der Teamleiter-Ebene durchgeführt werden, die in der Regel Erfahrung in der Moderation und Gesprächstechnik mitbringen und bei Bedarf noch geschult und gebrieft werden. Für jeden Mikro-Workshop liefert eine zentrale Stelle ein kleines Drehbuch mit den Inhalten und Abläufen. Es geht nicht darum, dass der Mitarbeiter wie ein Trainerprofi vor seinen Mitarbeitern die »perfekte Show abzieht«, sondern darum, Service-Qualität zum Dauerthema zu machen. Die Workshops sollen mit kurzweiligen Aktivitäten Aha-Erlebnisse erzeugen und Wissen vermitteln. Und sie sollen trotz konsequenten Zeitmanagements Luft für Beispiele aus dem Alltag und mögliche Lösungen lassen.

Je nach Aufgabenstellung können das zum Beispiel Online-Rechtschreibseminare, Kommunikations- oder Softwarethemen, ein »Knigge-Quiz«, ein »Sahnehäubchen« oder »Wow!«-Effekt oder die Umsetzung eines Leitsatzes sein. Es kann aber auch einmal eine Exkursion in ein anderes erfolgreiches Unternehmen auf dem Programm stehen oder ein Servicetrend-Scouting. Idealerweise stimmen sich die Vorgesetzten mit den Moderatoren der Mikro-Workshops ab und zeigen bei jeder Workshop-Reihe einmal Flagge. Das unterstreicht die Umsetzungskonsequenz, signalisiert Wertschätzung und schafft für die Führungskräfte eine Verbindung zum Service-Alltag im Unternehmen.

In diesen Workshops können auch immer wieder Anstöße zu weiteren, größeren Service-Initiativen entwickelt werden, die in ihrem Qualitätsanspruch zuweilen sogar über die Vorstellungen des Top-Managements hinausgehen. Trauen Sie Ihrer Mannschaft Service-Kompetenz zu! Sie werden sich wundern, was Ihre Mitarbeiterinnen und Mitarbeiter entwickeln können, wenn Sie deren Energie einmal entfesseln und auf ein Ziel fokussieren.

Entscheidend ist auch, dass neue Mitarbeiter oder Auszubildende jederzeit in die Reihe der Mikro-Workshops einsteigen können und so von der Pike auf mit dem Service-Gedanken vertraut gemacht werden. Einer meiner Kunden lädt am Beginn jedes Ausbildungsjahres alle neuen Auszubildenden (letztes Jahr waren es weit über 200) zu einem zweitägigen »Begrüßungsseminar« ein. Der Chef begrüßt die jungen Menschen persönlich und stellt ihnen das Unternehmen, einige Führungskräfte und vor allem die Service-Philosophie vor. Er spornt die jungen Menschen an, von Beginn an Verbesserungen einzubringen. Mitglieder der Task Force präsentieren dann gemeinsam mit mir die Service-Leitsätze und verknüpfen sie mit erfrischenden Beispielen aus dem Unternehmensalltag und spannenden Übungen. Ja, keine Frage, das ist ein Investment. Es ist aber ein Investment, das auch ein klares Zeichen setzt und alle Mitarbeiter anspornt, für die Auszubildenden ein Vorbild zu sein.

4. Controlling, Feinjustierung, Optimierung

Ist die Umsetzung der Service-Philosophie in die Wege geleitet, muss die Nachhaltigkeit gesichert werden. Das erfordert eine Systematisierung der Erfolgsmessung, die allein garantiert, dass aus dem Projekt Service-Kultur eine permanent wirksame Grundhaltung wird.

Was Sie messen können, das können Sie managen

Es reicht natürlich nicht, wenn Sie das Gefühl haben, dass Ihr Service besser wird. Wirklich verbessern können Sie sich nur, wenn Sie exakt wissen, wo Sie stehen:

> ➤ Wie begeistert sind die Kunden und was genau begeistert (oder ernüchtert) sie?

> ➤ Wie wahrscheinlich empfehlen die Kunden das Unternehmen an Kollegen, Freunde oder Verwandte weiter?

> ➤ Sind die Kunden eher passiv zufrieden oder reden sie ungefragt über ihre positiven Erlebnisse?

Als Direktor einer Revue würden Sie sich auch nicht allein auf Ihr Bauchgefühl verlassen, sondern die Presse permanent nach Kritiken durchforsten, mit dem Publikum über seine Eindrücke sprechen, Ihre Show auf Video aufzeichnen, die einzelnen Nummern gemeinsam mit Ihren Artisten auswerten, Ihre Truppe um Feedback bitten – und nicht zuletzt den Erfolg des Kartenverkaufs kontrollieren. Dabei würden sich immer wieder Aspekte zeigen, die Sie gemeinsam verbessern können und die Sie weiter trainieren müssen.

Im Unternehmen ist das genauso: Service jenseits des Mittelmaßes ist kein Selbstläufer, sondern braucht den ständigen Input, permanente Weiterentwicklung und das wiederholte Training.

Werkzeuge

Miteinander reden

Sehr förderlich sind kompakte, tägliche(!) – oder mindestens wöchentliche – Kurzbesprechungen, in denen konstruktiv und kritisch über die Service-Fortschritte des Unternehmens und Praxisbeispiele diskutiert werden. Nur so bleibt das Thema in allen Köpfen präsent.

Füreinander schreiben

Als wichtiges Hilfsmittel haben sich **Protokolle** erwiesen, in denen jeder Mitarbeiter beobachtete Abweichungen von den Leitlinien und Fehler festhält. Das dient nicht etwa der Überwachung des Einzelnen, sondern der kritischen Überprüfung der gemeinsam beschlossenen Regeln und Standards.

Wo treten einmalige Fehler auf, die natürlich immer wieder passieren können? Oder werden die gleichen Fehler permanent wiederholt, was auf lückenhafte Prozesse hinweist? Dann muss die Ursache gefunden und schnell gehandelt werden.

Hier der mögliche Aufbau eines solchen Protokolls:

Wer?	Was?	Warum?	Wie?	Auf lange Sicht?
Kunde, Ansprechpartner	Folgendes Problem ist aufgetreten:	Aus diesen Gründen:	So habe ich das Problem gelöst:	So könnten wir das Problem abstellen:
Firma Winterbauer	Schriftliche Beschwerde: Bearbeitung des Auftrags hat extrem lange gedauert	Der richtige Ansprechpartner war intern nicht bekannt	Ich habe den kompetenten ASP recherchiert	Datenbank mit Ansprechpartnern entwickeln. Hotline einrichten

Jetzt kommt es darauf an, dass Sie das Protokoll gemeinsam und zeitnah mit den relevanten Mitarbeitern auswerten und Fehler nachhaltig abstellen. An dieser Stelle greifen die Methoden des Projektmanagements: Wer macht was, wie, bis wann?

Es hilft allen Beteiligten, wenn Sie für eine größtmögliche Offenheit sorgen. Machen Sie die gravierendsten Fehler zum Beispiel am schwarzen Brett oder im Intranet publik und zeigen Sie zugleich, wie und von wem diese Fehler gelöst wurden. So hat jeder Mitarbeiter die Chance, zu einem kleinen Helden der Service-Kultur zu werden.

Gemeinsam messen

Unabdingbar sind schließlich die **Messung und Dokumentation der Fortschritte**. Direkte Befragungen oder Indizien – wie die Entwicklung der Zahl der Empfehlungen – lassen auf den Grad der Zufriedenheit der Kunden schließen. Im Idealfall sollte deren Begeisterung eindeutig mit fortschreitender Vertiefung der Service-Kultur korrelieren.

Doch auch bei Spitzenwerten darf der Prozess niemals gestoppt werden, bedeutet doch Stillstand auch beim Service stets Rückschritt. Bestmögliche Resultate sind nur möglich, wenn alle Prozesse aufmerksam beobachtet und immer wieder hinterfragt werden. Dabei sollten die **Service-Messinstrumente auf die Service-Ziele abgestimmt werden, zum Beispiel:**

➤ Regelmäßige Mitarbeiter-Befragungen

➤ Anzahl von Vorschlägen und Initiativen, die eingereicht wurden

➤ Strukturiertes, regelmäßiges Einholen von Kundenfeedback

➤ Feedback des Kundenbeirats

➤ Durchlaufzeiten von Aufträgen

➤ Reaktions- und Wartezeiten

➤ Wiederkaufquoten

➤ Reklamationsquoten

➤ Weiterempfehlungsquoten

➤ ...

Ich selbst empfehle seit vielen Jahren zwei Instrumenten, die ich Ihnen im Folgenden kurz vorstellen möchte:

Der Net Promoter Score (NPS)

Der NPS-Index misst die Wahrscheinlichkeit, mit der Kunden ein Produkt, ein Unternehmen oder eine Dienstleistung weiterempfehlen. Er wurde entwickelt von Fred Reichheld[43], einem US-amerikanischen Wirtschaftsstrategen, der durch seine Veröffentlichungen zum Thema Kundentreue bekannt wurde. Die Methode ist denkbar einfach.

1. Umfrage

Einer repräsentativen Kundengruppe oder besser noch jedem Kunden wird die sogenannte »ultimative Frage« gestellt, zum Beispiel:

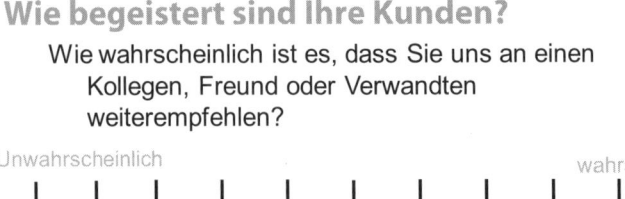

Wie begeistert sind Ihre Kunden?

Wie wahrscheinlich ist es, dass Sie uns an einen Kollegen, Freund oder Verwandten weiterempfehlen?

Unwahrscheinlich | Sehr wahrscheinlich

0   Was müssten wir an unserem Service verbessern, damit Sie   10
uns eine Bewertung geben, die näher an 10 liegt?

Auswertung:

9 - 10 =   Promotoren
7 - 8 =   Passiv zufriedene Kunden
0 - 6 =   Kritiker

Beispiel: Rücklauf (in %)

45 =   Promotoren
38 =   Passiv zufriedene Kunden
17 =   Kritiker

Promotoren − Kritiker = 28 (NetPromotorScore)

Abb. 11: Nach Fred Reichheld/Franz-Josef Seidensticker. Vgl. in: *Die ultimative Frage*. Hanser Wirtschaft 2006

Die exakte Formulierung der Frage hängt vom Geschäftsmodell eines Unternehmens ab. Im B2B kann das auch die Frage sein: »**Wie wahrscheinlich ist es, dass Sie die Leistungen unseres Unternehmens auch in Zukunft in Anspruch nehmen werden?**«

Die Antworten werden auf einer Skala von 0 (unwahrscheinlich) bis 10 (äußerst wahrscheinlich) eingetragen. Das Ergebnis:

➤ Als **Promotoren** gelten alle Kunden, die mit 9 oder 10 antworten.

➤ Als **passiv Zufriedene** werden diejenigen eingestuft, die mit 7 oder 8 antworten.

➤ Als **Kritiker** werden diejenigen angesehen, die mit 0 bis 6 antworten

Ein wichtiges Detail ist der Zeitpunkt: Viele Unternehmen kontaktieren zum Beispiel ihre Kunden jedes halbe Jahr, schreiben dann alle auf einmal an und werten die Ergebnisse aus. Das hat sich nicht bewährt. Bitten Sie Ihren Kunden möglichst direkt nach einem speziellen Kontaktpunkt um sein Feedback und werten Sie dieses dann in einer festgelegten Frequenz für den NPS aus. Ein guter Zeitpunkt für den Finanzberater wäre die Vertragsunterzeichnung, für den Maschinenbauer die Übergabe der installierten Anlage oder für das Elektrounternehmen der Abschluss der Reparatur. Interessenten, die nicht zu Kunden wurden, können natürlich auch einbezogen werden.

Um Verbesserungspotenzial zu erfahren, sollten Sie noch eine offene Frage ergänzen, die lauten könnte: **Was müssten wir an unserem Service verbessern, damit Sie uns eine Bewertung geben, die näher an 10 liegt?**

2. Berechnung

Der NPS ergibt sich durch die Differenz zwischen dem prozentualen Anteil der Promotoren und demjenigen der Kritiker: NPS = Promotoren − Kritiker

Das Ergebnis liegt somit zwischen plus 100 und minus 100 (+ 100 ist der maximal erreichbare Wert). Top-Unternehmen erreichen ein Ergebnis um die 80.

Berechnung des NPS: Beispiel

Der Rücklauf der Befragung (in Prozent) fällt zum Beispiel wie folgt aus:

➤ Promotoren = 45

➤ Passiv zufriedene Kunden: 38

➤ Kritiker = 17

Damit ergibt sich ein NPS von 28 (Promotoren (45) – Kritiker (17)).

Der Net Promoter Score hat den Charme, dass er einfach zu ermitteln und sehr transparent ist. Er ist nicht nur eine technische Kennzahl, sondern sagt auch etwas über die Qualität der Kontakte aus. Was nützt es schließlich, wenn zum Beispiel die Erreichbarkeit gut ist, aber der Kunde schlecht und unfreundlich beraten wird?

Die Mitarbeiter können den NPS gut nachvollziehen. Das Unternehmen kann sich nach einer IST-Analyse einen Zielwert vornehmen und hat mehrere Stellhebel, um die Weiterempfehlungs- oder Wiederkaufquote zu steigern. Der NPS kann als zuverlässige Einflussgröße für Vergütungsmodelle, das Erreichen von »Awards« und natürlich für die Zielvereinbarung herangezogen werden.

3. Zielvereinbarung

In Zielvereinbarungen werden häufig vor allem Umsatz- oder Ertragsgrößen festgehalten. Damit legen Sie den Fokus aber nicht auf die Service-Qualität. Mit dem NPS lassen sich zum Beispiel für jeden Standort eines Unternehmens Zufriedenheitswerte berechnen – und Rankings ableiten, zum Beispiel nach Regionen und überregional. Abhängig von der Gestaltung der Zielvereinbarung können Sie den NPS in eine Punkteskala übersetzen. Beispiel:

➤ > 60: 2,5 Punkte

➤ > 50: 2 Punkte

➤ > 40: 0,5 Punkte

➤ < 40: 0 Punkte

Das deutlichste Signal und ein starker Anreiz ist die Aufnahme konkreter NPS-Werte in die Zielvereinbarung der Mitarbeiter – vor allem aber auch der Manager (zum Beispiel der Standort-Geschäftsführer).

Controlling der telefonischen Erreichbarkeit

In vielen Unternehmen stellt der Service am Telefon die entscheidende Schwachstelle dar: Anrufer »kommen nicht durch«, werden abgewimmelt, durch technische Pannen abgewürgt oder planlos im Unternehmen weiterverbunden. Nicht jedes Unternehmen verfügt wie professionelle Call Center über technische Möglichkeiten, die Erreichbarkeit und den Servicelevel »automatisch« zu messen. Auf dem Weg zur besseren Erreichbarkeit kann wiederum eine einfache, mit Punkten verknüpfte Messlatte helfen, einfache, die Sie zum Beispiel wie folgt anlegen können:

1. Scoring

➤ Der persönliche Ansprechpartner meldet sich spätestens beim dritten Telefonklingeln: 5 Punkte

➤ Der persönliche Ansprechpartner ist innerhalb von 30 Sekunden am Apparat: 3 Punkte

➤ Anrufbeantworter mit aktuellem Text, Rückruf innerhalb von 20 Minuten: 5 Punkte

➤ Anrufbeantworter mit aktuellem Text, Rückruf innerhalb von 30 Minuten: 3 Punkte

➤ Anrufbeantworter mit aktuellem Text, kein Rückruf am gleichen Tag: 0 Punkte

> Leitung ist dauerhaft belegt, es gibt keinen aktiven Anrufbeantworter: 0 Punkte

> Korrekte Meldeformel: 1 Sonderpunkt

2. Ranking und Zielvereinbarung

Auch hier haben sich Rankings als sehr wirkungsvoll erwiesen. Der sportliche Ehrgeiz der Mitarbeiter wird vor allem dann angeheizt, wenn die regionalen und überregionalen, die monatlichen und kumulierten Ergebnisse veröffentlicht werden – zum Beispiel für alle einsehbar im Intranet. Ebenso lässt sich die telefonische Erreichbarkeit, gemessen an einem bestimmten Punktewert (siehe Beispiel oben, Seite 147) sehr gut in Zielvereinbarungen aufnehmen.

Und noch etwas: Auch im Zeitalter der partizipativen Führung geht es nicht ganz ohne Kontrollen. Etwas eleganter und gelegentlich durchschlagender als eine »Kontrolle von oben« ist ein Coaching durch Moderatoren. Im Idealfall findet dieses auf kollegialer Ebene, also auf Augenhöhe statt und hat nicht die Botschaft »Du musst …!«, sondern »Wir wollen doch alle …!«. Der damit verbundene soziale Druck wirkt ohnehin schon sehr stark – und umso stärker, wenn die beim gemeinsamen Durchgehen der Checkliste gefundenen Mängel an Management und Marketing »gemeldet« werden, verbunden mit einer terminierten »To-do-Liste« und einem Gegencheck durch einen Vertreter des Managements.

Notfallkoffer für weitere Service-Probleme

Problem 1: Management und Mitarbeiter leben auf verschiedenen Service-Planeten

Viele Unternehmen nutzen in der internen Kommunikation vor allem Top-down-Strategien durch alle Hierarchieebenen. Die Praxis zeigt, dass auf diesem oft langen Weg viel Inhalt »verschlackt« und bei den Mitarbeitern, die im operativen Geschäft tagtäglich Kundenorientierung leben sollen, wichtige Informationen gar nicht oder sogar falsch ankommen.

Auf dem umgekehrten Weg Bottom-up ist genau das Gleiche zu beobachten: Wichtige Informationen und Erfahrungen, die tagtäglich im direkten Kundenkontakt von Mitarbeitern gesammelt werden, erreichen die Entscheider in der Chefetage nicht. Und das, obwohl dieses Wissen für strategische Entscheidungen von großem Nutzen sein kann.

Wenn sich ein Unternehmen wirklich mit Herzblut auf den Kunden ausrichten will, dann muss eine ergänzende »Zangenkommunikation« diese Lücken unbedingt schließen. Das bedeutet, dass Sie intern einen Kommunikationsfluss aus der Chefetage direkt an die Basis und umgekehrt institutionalisieren sollten.

Lösung: Zangenkommunikation. Wenn der »oberste Chef« direkt mit der Basis in Kontakt treten will, eignet sich ein informeller Gesprächsrahmen – zum Beispiel bei einem gemeinsamen Frühstück. Das lockert die Mannschaft auf, bringt das Gespräch in Gang und führt auf beiden Seiten zu mehr Offenheit und Authentizität. Der Vorstand eines meiner Bankkunden besuchte beispielsweise alle

Filialen, um Aufklärungsarbeit zur Finanzkrise und zu den Auswirkungen auf die Bank sowie zu den notwendigen Maßnahmen zu leisten. Das kam bei den Mitarbeitern extrem gut an, gab ihnen Sicherheit und motivierte sie, in dieser schwierigen Zeit, aktiv den Kontakt zu den Kunden zu suchen.

Problem 2: Das Mittelmanagement sitzt die Service-Offensive aus

Häufig werden Vertriebs-, Bereichs- oder Teamleiter daran gemessen, ob sie bestimmte Umsatzziele erreicht haben (egal wie). Das ist nicht förderlich für die Service-Orientierung, denn schließlich bedeutet hoher Umsatz nicht automatisch zufriedene und loyale Kunden.

Lösung 1: Finanzielle Anreize schaffen. Es empfiehlt sich deshalb, die Anreizsysteme am Maß der Kundenorientierung auszurichten. Im Klartext: Boni verdienen die Mitarbeiter, die den Kundennutzen und die Kundenloyalität maximieren – und nicht jene, die lediglich Teilschritte eines Prozesses möglichst effizient erfüllen. Unternehmen sollten also gerade nicht extrem kurze Beratungszeiten belohnen, sondern die Zufriedenheit des Kunden mit der Beratung und den daraus resultierenden Verkaufserfolg. Das verlangt nach sinnvollen Kriterien für das Messen der Kundenorientierung, wie zum Beispiel der oben beschriebene Net Promotor Score (NPS).

Lösung 2: Druck von unten. Wenn Sie die Basis intensiv in den Change-Prozess einbeziehen, durch Training und Coaching stark machen und vom Top-Management aus Rückendeckung geben, dann kann ein so großer Druck von unten aufkommen, dass sich das mittlere Management den Veränderungen nicht mehr widersetzen kann.

Sehr gute Erfahrungen habe ich außerdem damit gemacht, das Thema Service bereits auf die Agenda der Azubis und Berufseinsteiger in Fach- und Führungsjobs zu setzen. Junge Vertreter der Basis sind noch nicht so betriebsblind und häufig auch viel mutiger als die »alten Hasen« im Unternehmen. Wenn es Ihnen gelingt, diese jungen Leute mit an die Speerspitze Ihrer Service-Task-Force zu setzen, dann haben Sie die nächste Generation des Unternehmens bereits im Boot – und so automatisch für Nachhaltigkeit gesorgt.

Problem 3: Abteilungsfürsten und andere Service-Hemmer

Kennen Sie das? Jede Abteilung kocht ihr eigenes Süppchen und keines davon schmeckt dem Kunden. Niemand macht sich die Mühe, die Kundensicht zu übernehmen, sondern jeder erledigt seinen Job stur nach der Prozessbeschreibung. Übergreifendes Denken und Handeln der Abteilungen fehlen ebenso wie eine funktionierende Kommunikation und eine Datenbank, die eine Weitergabe wichtiger Informationen sicherstellt. Und wer versucht, übergreifend zu denken und zu handeln, der wird gleich zurückgepfiffen.

Lösung 1: Vernetzung an der Basis. Vernetzen Sie die Mitarbeiter an der Basis gleichsam »hinter dem Rücken« der Abteilungsfürsten. Sehr wirkungsvoll sind Workshops und Projekte für Mitarbeiter entlang einer Prozesskette – ganz gleich, ob diese aus Abteilung X oder Y kommen. Das geht natürlich nur, wenn das Top-Management hinter der Offensive steht und im Zweifelsfall bereit ist, den Vertretern der Basis gegen ihre direkten Vorgesetzten den Rücken zu stärken (und, wenn es gar nicht anders geht, die Abteilungsfürsten aus dem Unternehmen zu entfernen). Die Kommunikationsstruktur in Unternehmen ist immer noch viel zu vertikal. Insgesamt brauchen wir in Unternehmen eine deutlich stärkere horizontale Vernetzung, um Abteilungsgrenzen zu überwinden und ein optimales Ergebnis für den Kunden zu erreichen. Das haben auch Automobilhersteller erkannt, die immer häufiger Verkaufs- und Werkstattmitarbeiter gemeinsam zu Produktvorstellungen einladen, anstatt wie früher getrennte Veranstaltungen durchzuführen.

Lösung 2: Kennenlerntricks. Die Idee ist einfach und gerade deshalb wirkungsvoll. Bei einer Service-Offensive in einem Großkonzern standen wir vor der Aufgabe, dass zwei Unternehmensbereiche deutlich enger zusammenarbeiten mussten, um den Kundennutzen zu steigern. Eine von vielen Maßnahmen war eine Road-Show für alle Teamleiter aus beiden Bereichen, die sich überwiegend nicht kannten. Um zu vermeiden, dass die Mitarbeiter über das Namensschild schnell identifizieren konnten, wer »einer von uns« oder »einer von den anderen« ist, beschränkten wir uns auf den Namen und ließen die (sonst übliche) Abteilung einfach weg. Auch die Zusammensetzung der Gruppen in den Workshops wurde bunt gemischt. Und siehe da, es entwickelten sich plötzlich entspannte und konstruktive Gespräche und die Vernetzung der Mitarbeiter wurde gefördert.

Problem 4: Die Service-Idee versandet an der Basis

Hier haben wir es mit dem inneren Schweinehund zu tun: Sie haben zwar brillante Service-Leitlinien entwickelt und Ihre Ideen schulbuchmäßig implementiert, Sie kontrollieren auch regelmäßig die Fortschritte in Richtung Service. Trotzdem haben Sie das Gefühl, dass das Sprechen über Service zu Routine-Smalltalk verkommen ist, der nur deshalb stattfindet, weil man dem Chef einen Gefallen tun will. Tatsächlich aber ist der Prozess längst eingeschlafen.

Lösung 1: Machen Sie das Thema zum Dauerbrenner. Wenn Sie den Eindruck haben, dass Ihre Mitarbeiter in Sachen Service den Rückwärtsgang eingelegt haben, kommen Sie persönlich in die täglichen oder wöchentlichen Service-Besprechungen und entfachen das Feuer neu.

Lösung 2: Lassen Sie Abweichungen und Fehler im Service dokumentieren – und machen Sie die Ergebnisse öffentlich. Sie müssen ja niemanden persönlich an den Pranger stellen.

Lösung 3: Visualisieren Sie Ihre Fortschritte und veröffentlichen Sie diese. Das heizt den sportlichen Ehrgeiz Ihrer Mitarbeiter an.

Lösung 4: Die »Zehn-Minuten-Besprechungsregel«. Bei dieser Idee von AT&T wird ein Meeting kommentarlos abgebrochen, wenn nicht nach zehn Minuten das Wort »Kunde« gefallen ist. Hängen Sie ein entsprechendes Schild in Ihre Konferenzräume und bestimmen Sie für jedes Meeting eine Person, welche die Einhaltung der Regel überwacht – und das Recht hat, das Meeting zu beenden.[44]

Problem 5: Der Service verläuft sich im internen Irrgarten

Manchmal würden die Mitarbeiter ja gern im Sinne des Kunden arbeiten – allein, sie wissen nicht, wie! So schicken sie Aufträge, die sie nicht zuordnen können, an die Kunden zurück, weil sie nicht wissen, welcher Bereich dafür zuständig sein könnte. Schlimmstenfalls lassen sie solche Anfragen unter irgendeinem Aktenberg verschwinden. Beides ist ein großes Ärgernis für den Kunden.

Lösung: Jede Abteilung wählt einen einzigen Ansprechpartner, der sozusagen die Nachforschungsstelle für derartige »Irrläufer« ist. Diese Person findet heraus, wer für welche Anfrage zuständig ist, und leitet diese umgehend weiter. Gleichzeitig informiert sie den Absender über den Ansprechpartner und erfasst alle Schritte in einer Datenbank. Kommen »Irrläufer« aus dem eigenen Unternehmen und zeigt es sich, dass immer die gleichen Personen dafür verantwortlich sind (»lernresistent trotz wiederholter Information« oder einfach bequem), dann erfolgt eine Sanktion (zum Beispiel die Belastung seiner Kostenstelle).

Problem 6: Der Service bricht ab

Mancher Service überlebt die Übergabe von einer Abteilung zur nächsten nicht: Der abgebende Bereich übersendet die Dokumentation eines Vorgangs, dem aufnehmenden Bereich bleibt nichts anderes übrig, als diese Dokumentation irgendwie zu interpretieren – im Zweifelsfall so, dass der Vorgang am wenigsten Arbeit macht.

Lösung 1: Für maximale Klarheit sorgen. Wer einen Vorgang weitergibt, sorgt auch dafür, dass die nachfolgenden Mitarbeiter alles verstanden haben und den Service (mindestens!) auf dem gleichen Niveau weiterführen, wie er begonnen wurde. Ziel bei der Übergabe ist maximale Klarheit und Lückenlosigkeit. (Anstelle der Haltung: »Ich hatte es so schwer mit diesem Kunden, jetzt sollen die nächsten sich auch mal ordentlich abplagen!«)

Lösung 2: Die Verantwortung liegt bei allen beteiligten Abteilungen, bis der Vorgang erfolgreich und nachhaltig abgeschlossen wurde.

Lösung 3: Gezielte Hospitationen von Mitarbeitern der beteiligten Abteilungen jeweils bei »denen da« sorgen für mehr Verständnis für die Prozesse und die Persönlichkeiten auf der anderen Seite.

Problem 7: Mitarbeiter überschreiten ihren Service-Spielraum – oder nutzen ihn nicht aus

Wenn in einem Unternehmen das Prinzip »Service by Zufall« regiert, dann liegt das meistens an einem ganzen Bündel von Ursachen: Zum Beispiel wissen die Mitarbeiter schlicht und ergreifend nicht, was sie offiziell »dürfen« und was nicht. Oder es liegen keine einheitlichen Prozessbeschreibungen vor, sodass Abteilung X routinemäßig anders vorgeht als Abteilung Y, obwohl beide mit gleichartigen Prozessen zu tun haben. Es kann auch sein, dass ein einziger Prozess so zwischen verschiedenen Abteilungen aufgeteilt ist, dass einzelne Mitarbeiter gar keinen Service aus einer Hand bieten können – selbst wenn sie es wollten.

Lösung 1: Alle Prozesse gehören auf den Prüfstand. Was läuft im Sinne des Kunden glatt und logisch – und wo holpert es? Befragungen der Mitarbeiter und der Kunden sowie das Lernen von anderen Standorten (Best Practice) können hier für mehr Klarheit sorgen.

Dann gilt es, die Kompetenzen der Organisationseinheiten anzupassen und dies an alle Mitarbeiter klar zu kommunizieren. Für Zweifelsfälle kann ein zentraler Ansprechpartner gewählt werden.

Lösung 2: **Die Angst vor Fehlern bekämpfen.** Eine andere Ursache für zu vorsichtigen Service (um es einmal so auszudrücken) kann darin liegen, dass Mitarbeiter aufgrund einer rigiden Fehlerkultur in ihrem Team Angst haben, etwas falsch zu machen. Sie schieben Service-Entscheidungen deshalb von sich weg. Hier können Coachings für einzelne Manager und Teamworkshops hilfreich sein.

Problem 8: Service als leeres Versprechen

Eigentlich ist die Regel ganz einfach: »Nichts zusagen, was man nicht halten kann.« Und doch werden Zusagen an Kunden in unschöner Regelmäßigkeit nicht eingehalten. Warum? Immer wieder kommt irgendetwas dazwischen, Informationen gehen bei einer Übergabe unter oder Termine werden vergessen – oder als nicht so wichtig eingestuft.

Lösung 1: Technik. Fangen wir bei der Technik an – eine Datenbankapplikation mit Wiedervorlagefunktion hilft schwachen Gedächtnissen auf die Sprünge.

Lösung 2: Druck. Wenn Terminverschiebungen standardmäßig an die Kunden *und* an das Management gemeldet werden müssen, sinkt erfahrungsgemäß die Quote der nicht eingehaltenen Zusagen.

Losung 3: **Bessere Zeitplanung.** Terminzusagen sollten immer von der Stelle erteilt werden, die den Auftrag ausführt.

Wie fühlen Sie sich nach dieser Tour de Force – hin zu einer Unternehmenskultur, die von einer selbstverständlichen Service-Haltung geprägt ist? Fühlten Sie sich bei dem Gedanken an diese Haltung innerlich aufgerichtet? Hat es Ihnen Freude bereitet, sich Ihre Task Force vorzustellen, und haben Sie sich schon Gedanken über Ihr Service-Leitbild gemacht? Haben Sie die Stirn in Falten gelegt, als

Sie an die Implementierung in Ihrem Unternehmen dachten? Und noch mehr, als es um das Thema Controlling ging?

Dann sind Sie jetzt in der idealen Verfassung, um noch tiefer einzusteigen. Denn jetzt geht es um die Frage, ob und wie sich Service rechnet. Die Antworten werden Ihnen gute Dienste dabei leisten, notorische Service-Gegner (»Geht doch gar nicht!«), Service-Muffel (»Die Kapazitäten haben wir gar nicht!«), Abteilungsfürsten (»Für Service sind wir gar nicht zuständig!«) oder Service-Angsthasen (»Das steht doch gar nicht in meiner Job-Beschreibung!«) mit guten Argumenten für besseren Service zu gewinnen.

Teil 3:
Wirtschaftlich
erfolgreich mit Service

Service rechnet sich

»Wenn alle Mitarbeiter jeden Kunden, den sie sehen, freundlich begrüßen, können wir unseren Umsatz im Inland um 25
Prozent steigern.«

Hilmar Kopper
(Vorstandssprecher der Deutschen Bank 1989 bis 1997)

Jetzt geht es also um die Frage, die Sie als erfolgreichen Manager
möglicherweise schon seit dem ersten Kapitel umtreibt: Rentiert
sich Service überhaupt? Und wenn ja: Lässt sich der Erfolg beziffern? Konkret: Wie viel mehr Gewinn kann ich erzielen, wenn ich
den Service des Unternehmens verbessere?

Um es gleich zu sagen: Ja, Service rechnet sich. Es gibt eine Menge
Umfragen und Studien, die das belegen. Aber: Es handelt sich hier
um wirtschaftliche Zusammenhänge, die sehr viel komplexer sind
als eine einfache Beziehung zwischen A (Service) und B (Erfolg).
Und es ist sehr schwer, andere Einflussgrößen auszuschließen, zum
Beispiel das allgemeine Geschäftsklima, das Konsumklima, die Qualität des Produkts oder der Dienstleistung, Konkurrenzangebote –
um nur einige zu nennen. Ich werde Ihnen in diesem Kapitel daher
keine Superformel zur Berechnung Ihres Profits präsentieren, der
sich glasklar auf Ihren Service zurückführen lässt. Aber ich kann Ihnen Zusammenhänge vorstellen und aktuelle Entwicklungen zeigen,
die meine These stark machen.

Bevor wir aber auf Details zu sprechen kommen, wie Sie Ihren Service am besten am Markt platzieren, möchte ich Ihnen eine kleine
Erfolgsgeschichte erzählen. Sie soll Ihnen Mut machen, sich nach

den Wünschen Ihrer Kunden auszurichten. Und sie soll Ihnen beweisen, dass sich diese Strategie auszahlt.

Wenn Marketing und Kundendienst an einem Strang ziehen

Der Elektrowerkzeughersteller TTS Tooltechnik Systems in Wendlingen hatte viele Jahre mit einem rückläufigen Markt zu kämpfen. Die Unternehmensleitung entschied sich schließlich, auf Service zu setzen, um sich mit diesem Alleinstellungsmerkmal vom Wettbewerb abzusetzen und womöglich zusätzliche Marktanteile zu gewinnen. Sie beschloss, eine umfassende Kundenbefragung vorzunehmen, daraus ein maßgeschneidertes Leistungspaket zu schnüren und dieses über einen neuen Kundenclub zu vermarkten.

Im Service von Elektrowerkzeugen zählt für den professionellen Handwerkerkunden vor allem eines – das Werkzeug muss nach einem Defekt möglichst schnell wieder einsatzfähig sein. Demnach nannten die Befragten drei Dienstleistungen von besonderer Wichtigkeit: eine Express-Reparatur innerhalb von 24 Stunden, ein Abhol-Service direkt beim Kunden in seiner Werkstatt und eine Hotline für technische Fragen.

TTS Tooltechnic Systems nahm diese Herausforderung an: Das Unternehmen entwickelte einen neuen Kundenclub namens »Tools for Profit«, dessen Mitgliedern folgende exklusive Service-Leistungen garantiert wurden: 24-Stunden-Reparaturservice, Neugerät bei Diebstahl, 30-Tage-Geldzurück-Garantie, kostenloser Abholservice für Reparaturgeräte, spezielle Service-Telefonnummer und eine Treueprämie.

Das Service-Konzept entwickelte sich zur veritablen Erfolgsstory: Die Mitgliederzahl des TTS-Kundenclubs steigt seitdem stetig an. Die Gruppe der Mitglieder tätigt deutlich höhere Käufe als die der Kunden ohne Mitgliedschaft. 95 Prozent aller Kunden sind mit dem After-Sales-Service des Unternehmens zufrieden oder sehr zufrieden. Und – ganz wichtig – die beiden Unternehmensmarken Festool und Protool sind nach der Einführung des neuen Service-Konzeptes um 5 beziehungsweise 25 Prozent gewachsen. »Das gemeinsam zwischen Marketing und Kundendienst gestartete Projekt entwickelte sich für alle Beteiligten zu einem großen Erfolg«, resümierte TTS Tooltechnic Systems-Vorstand Hartmut Frei anlässlich einer ersten Bilanz nach Einführung der neuen Service-Strategie – und er fügte hinzu: **»Das ehemals bleierne Gesetz, nach dem sich bei uns mit Kundendienst kein Geld verdienen lasse, ist ins Wanken geraten!«**

Service-Exzellenz zwischen Kosten und Qualität

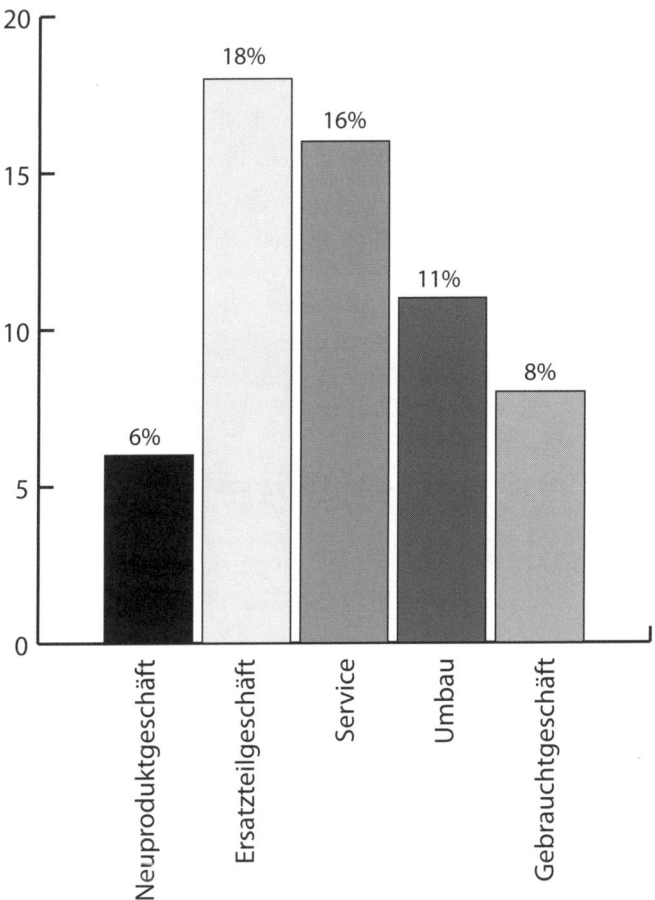

Abb. 12: »Wovon hängt Ihrer Meinung nach der Erfolg Ihres Unternehmens ab?« (Maximal drei Antworten möglich, Quelle: forum! Marktforschung GmbH)

Klar: Service kostet. Dennoch setzt sich in immer mehr Unternehmen die Erkenntnis durch, dass sich Service- und Kostenmanagement nicht gegenseitig ausschließen, sondern sich wunderbar ergänzen: Stimmt der Service zu Beginn der Prozesskette – etwa, weil Bauanleitungen, Rechnungen oder Info-Flyer verständlich geschrieben, rechtzeitig verschickt oder Bauteile im Hinblick auf ihre Wartung gleich kundendienstfreundlich eingebaut wurden –, dann sparen zum Beispiel Hotline und Kundendienst konkret messbare Arbeitszeit.

Heute glauben 28 von 100 Managern, dass der Erfolg ihres Unternehmens von Kundenorientierung, Kundenzufriedenheit und Kundenbindung abhängt, und nur noch 8 von 100 Befragten sehen die fachliche Kompetenz ihrer Mitarbeiter als ausschlaggebend für wirtschaftlichen Erfolg an. Es hat sich also herumgesprochen, dass die »weichen« Erfolgsfaktoren die ausschlaggebenden sind, wenn es hart auf hart kommt. Jetzt kommt es aber auch darauf an, seine Strategie konsequent auf diese Erkenntnis auszurichten.

Höhere Umsätze, bessere Margen

Diese »gefühlte« Dringlichkeit, das Thema Service in den Unternehmen stärker voranzutreiben, lässt sich sogar beziffern – besonders eindrucksvoll im Maschinenbau und in der High-Tech-Industrie, wo zweistellige Margen, die bis zu zehnmal höher liegen als im traditionellen Produktgeschäft, keine Seltenheit sind.

Service-Führer erwirtschaften heute über alle Branchen hinweg ein Drittel ihres Gewinns mit Services und -Dienstleistungen (weltweit – in Deutschland liegt der Wert im Moment noch bei 25 Prozent). Vor drei Jahren bewegte sich dieser Gewinnanteil weltweit noch zwischen 20 und 25 Prozent. Im Jahr 2010, so die Prognosen der Barkawi-Wirtschaftsexperten, könnte der Service 35 Prozent zum Unternehmensgewinn beitragen – fünf Jahre später läge er dann schon bei 40 Prozent. [45]

Beispiel Bang & Olufsen

Der dänische Hersteller von Unterhaltungselektronik Bang & Olufsen ist bereits seit zehn Jahren ein »Service-Pionier«, vor allem im Business-to-

Business-Geschäft. So lässt Bang & Olufsen seine in Luxushotels installierten Unterhaltungseinrichtungen vor Ablauf der Garantiezeit durch eigene Techniker überprüfen und bei Bedarf Teile austauschen. Das verringert für den Kunden das Risiko, dass kurz nach Ablauf der Garantiezeit die Anlage ausfällt – was für ein Luxushotel erhebliche Kosten bedeuten kann, wenn es Gästen zum Beispiel kostenlose Übernachtungen als Gegenleistung für eine defekte Hifi-Anlage garantiert. Mit 88 Prozent ist der Anteil jener Bang & Olufsen-Kunden, die neben einem Produkt auch den Service beziehen, extrem hoch. Seinem Image als Premium-Anbieter wird das Unternehmen auch im Service-Bereich gerecht, indem es zum Beispiel die Installation komplexer Audio- und Videoanlagen durch qualifizierte Architekten anbietet. Die Service-Kosten berechnet Bang & Olufsen nach Aufwand. Kein Wunder, dass die Dänen fast 50 Prozent ihres Gewinns mit Service-Dienstleistungen erzielen.

Immer mehr Unternehmen gründen entweder unabhängige Geschäftsbereiche oder eigene Tochterunternehmen, die sich um nichts anderes kümmern als um Service-Qualität und Dienstleistungen. Je größer ein Unternehmen ist und je mehr Gewinne es mit Service erwirtschaftet, desto eher ist es bereit, einen solchen strategischen Schritt zu gehen. Erfolgsentscheidend bleibt dabei der Schulterschluss mit allen anderen Bereichen wie Produktenwicklung und Vertrieb.

Sie sehen also: Service wird zum Dreh- und Angelpunkt in den umkämpften Märkten – und je enger es für einzelne Firmen wird, neue Marktanteile über Produkte zu erobern, desto mehr hilft exzellenter Service dabei, eine gute Marktposition zu behaupten oder überhaupt zu überleben.

Service klar positionieren

Nicht jeder Service passt zu jedem Unternehmen: Dass ein Hotel seinen Gästen frische Äpfel im Eingangsbereich zum Mitnehmen anbietet, ist ein netter (wenn auch beinahe schon selbstverständlicher) Service – wenn bei Aldi Äpfel da stehen, wo die Einkaufswagen warten, dann glauben die Kunden, jemand hätte sie dort vergessen. Dieser Fall ist ziemlich klar. Aber brauchen Tankstellen Tankwarte – oder tankt heute ohnehin lieber jeder selbst? Muss es im Flugzeug Fertigmenüs in Aluschalen geben? Braucht ein Baumarkt Heimwerkerberater? Und müssen Mitarbeiter eines Elektronikmarktes wissen, wie die SIM-Karte in den Stick gesteckt wird, der mobiles Internet auf den Laptop zaubert?

Kurz: Geht es darum, möglichst niedrige Preise anzubieten, oder darum, Kunden mit dem besten Service zu locken? Beides ist möglich – und beides wird probiert.

Null Service: Koffer bitte selbst einchecken

Im Frühjahr 2009 verkündete die Billigfluglinie Ryanair selbstbewusst, seine personalbesetzten Schalter für die Flugabfertigung und die Gepäckabgabe komplett abzuschaffen. Anstatt am Flughafen auf freundliche Mitarbeiter zu treffen, müssen sich Flugkunden ihre Bordkarte am heimischen Computer selbst ausdrucken. Und ihr Gepäck geben die Reisenden zukünftig an sogenannten »Bag-Drop-Schaltern« ab. Amerikanische Fluglinien beginnen sogar schon, Kissen und Decken an Bord extra zu berechnen. Hier lautet die Message ganz klar: Service ist hier nicht zu haben – dafür sind die Preise so tief im Keller wie nur möglich.

Service-Renaissance: Hier tankt der Tankwart

Im Jahr 2005 stellte Shell plötzlich wieder Tankwarte ein. »Einer Umfrage zufolge trifft der Mineralölkonzern damit den Nerv seiner Kundschaft.

> Komisch nur, dass die Konkurrenz das gänzlich anders sieht«, machte sich das Magazin Der Spiegel lustig.[46] Shell hat sich für die Service-Führerschaft entschieden und hoffte damit, seine Kunden längerfristig zu binden und zugleich mehr Kraftstoff, mehr Motoröl und mehr Zusätze für Scheibenwaschanlagen zu verkaufen. Damit trug das Unternehmen zugleich der demografischen Entwicklung Rechnung und auch der Tatsache, dass 48 Prozent der Autofahrer weiblich sind. Frauen und ältere Kunden wollen eben nicht unbedingt ihre Reifen aufpumpen oder selber den Ölstand messen. Hier hat Shell ganz klar Position auf dem Markt bezogen und sagt seinen Kunden: Bei uns könnt ihr Service erwarten.

Auch in vielen Märkten agieren Player, die sich ähnlich klar positioniert haben:

Branche	Preis-Führer	Service-Führer
Luftfahrt	Ryanair	Lufthansa
Restaurants	Vapiano	Edelgastronomie
Hotels	Motel One	Luxushotels
Autowerkstätten	Pit-Stop	Vertragswerkstätten
Unterhaltungselektronik	ProMarkt	Bang & Olufsen
Lebensmittel-Einzelhandel	Aldi	Feinkostläden
Tankstellen	HEM	Tank & Rast
Baumärkte	Praktiker	Globus

Preis oder Service – das ist hier die Frage

Leider ist diese Frage heute gar nicht mehr so leicht zu beantworten, weil Preisführer anfangen, auch Service zu bieten, und Service-Führer (nicht zuletzt angesichts der aktuellen Wirtschaftskrise) auch darauf schauen müssen, was am Markt überhaupt geht und was nicht (mehr). Das stellt Firmen vor Herausforderungen: Denn ein Unternehmen, das mit »Geiz ist geil« wirbt, hat sich als Preisführer etabliert und muss sich anschließend mit dem Umkehrschluss der Kunden auseinandersetzen: »Da gibt es keinen Service.« Was denn, wenn es doch Service gibt? Da hilft nur eine smarte Kommunikation – dazu später mehr. Jetzt geht es erst einmal darum, Ihren Service klar zu positionieren. Also: Welchen Service wollen Sie bieten?

Die Zielgruppe im Blick

➤ Service-Führer hecken bereits Jahre vor der Markteinführung Ihrer Dienstleistungen eine ausgefeilte Service-Strategie aus: Sie definieren auf lange Sicht, welche Services sie anbieten und wem sie diese Services anbieten wollen, sie legen das Verhältnis zwischen Produkt und Service und eine Preispolitik fest. Klingt gut, was die Barkawi-Experten da herausgefunden haben.

➤ Aber was heißt das für Sie? Wissen Sie schon, welcher Service zu Ihnen passt? Wenn nicht, dann fragen Sie Ihre Kunden! Im ersten Teil habe ich eine ganze Reihe von Möglichkeiten verraten, wie Sie herausfinden können, wer Ihre Kunden sind und welche (verborgenen) Service-Wünsche sie haben. Nutzen Sie diese Möglichkeiten, und kommen Sie Ihrer Kundschaft auf die Schliche.

Es ist sehr ratsam, sich nicht allein auf das eigene Bauchgefühl zu verlassen (auch das kann sehr treffsicher sein, keine Frage) oder das zu kopieren, was die Konkurrenz macht – denn das kann in die Service-Katastrophe führen. Hier brauche ich nur ein Stichwort fallen zu lassen, und Sie wissen sofort, was ich meine: Baumärkte.

Was Baumarkt-Kunden wollen

Etliche Baumärkte werben damit, wie viel Rabatt sie in dieser Woche wieder gewähren (»… außer Tiernahrung«) – und stellen schließlich fest, dass die Kunden verzweifelt zwischen den Paletten mit Laminat und Fliesenkleber herumirren und für ein wenig Hilfe zwischen den hohen Regalen viel dankbarer wären als für ein paar gesparte Euros.

Denn tatsächlich wünschen sich die Kunden von OBI, HORNBACH, Praktiker oder MAX BAHR nicht nur billige Bretter, sondern auch Service – das zeigte eine Studie von ServiceRating (2009): Was Kunden erwarten und wünschen, ist eine hohe Beratungsqualität, Freundlichkeit und Höflichkeit der Mitarbeiter sowie eine große Angebotsvielfalt und Kulanz. In einer Branche, in der Differenzierungsmöglichkeiten über Preise und Produkte immer geringer würden, so die Studie, biete der Service die Chance und das Potenzial für eine positive Abgrenzung von den Wettbewerbern.

Einige Baumärkte reagierten schnell und setzten zum Beispiel bewusst ältere, erfahrene Mitarbeiter an den Infopoints ein, um den Beratungsansprüchen ihrer älteren Kunden besser gerecht zu werden.

Für Sie kann das heißen: Nutzen Sie die Chancen der Marktforschung und spannen Sie für konkrete Fragestellungen gegebenenfalls auch externe Experten ein. Je besser Ihr Service-Angebot das abdeckt, was Ihre Kunden wirklich wollen, desto erfolgreicher gelingt Ihnen die Positionierung in Ihrem speziellen Markt – und die Etablierung Ihres Service-Angebots als Marke. Denn die Marke macht's.

Service als Marke

➤ Die Entscheidung für oder gegen den Kauf einer Service-Leistung wird genauso stark vom Image einer Marke beeinflusst wie bei »normalen« Produkten auch: So gilt die Hotline eines Mobilfunkanbieters oder eines Reiseunternehmens vielleicht als notorisch unzuverlässig und der Reparaturservice einer bestimmten Computer- oder Automarke als legendär.

➤ Selbst im Business-to-Business-Bereich spielt das Service-Branding eine entscheidende Rolle für Ihren Geschäftserfolg: Landmaschinen-Hersteller X hat ein dichtes Werkstattnetz und liefert Ersatzteile oder ganze Ersatzmaschinen binnen 24 Stunden, während Mitbewerber Y zwar hochglänzende Broschüren drucken lässt, aber im Ernstfall nicht helfen kann.

➤ Machen Sie Ihren Service zur Marke! Sorgen Sie dafür, dass Ihre Kunden die Service-Marke Ihres Hauses lieben – und sich vielleicht sogar damit identifizieren. Im Idealfall gelingt Ihnen eine Identifikation, wie sie Porsche-Fahrern oder Apple-Usern zu eigen ist. Und damit wären wir mitten im Marketing angekommen.

Service wirkungsvoll kommunizieren

Auf Marktkommunikation in Sachen Service zu verzichten ist für ein Unternehmen so etwas wie wirtschaftliches Harakiri. Und trotzdem gibt es in Deutschland sehr viele Firmen, die ihr Service-Angebot nicht kommunizieren – oder nur bruchstückhaft beziehungsweise in jedem Kanal anders. So weiß der werte Kunde schlicht und ergreifend gar nicht, was in Sachen Service geht.

Als ich vor Jahren mit Verkäufern als Trainingsmaßnahme Mystery-Shopping im Automobilhandel machte, war in nur einem(!) Angebot von sicher 50 eine detaillierte Aufstellung der Services des Autohauses zu finden. Und das ist kein Einzelfall:

Stell' dir vor, es gibt Service, und keiner weiß es!

Es kommt immer wieder vor, dass Anbieter von Telekommunikationsdienstleistungen in ihren Werbeanzeigen zwar zeigen, wie schön ihre Geräte aussehen, aber nicht verraten, dass sie gern auch bei der Installation behilflich sind – obwohl sie es selbstverständlich sind! Auch der umgekehrte Fall kommt vor: Der Service wird als eigenständiges Angebot präsentiert – ohne Zusammenhang zum eigentlichen Produkt des Anbieters.

Die Kommunikation in der Filiale klappt häufig nicht viel besser: Es ist erschütternd, wie groß die Unterschiede sind, wenn Sie sich bei verschiedenen Anbietern beraten lassen – oder in verschiedenen Filialen eines einzigen Anbieters. Mal werden Sie kompetent beraten und Sie bekommen ein Angebot, das bedarfsgerecht und preissensibel auf Sie zugeschnitten wird – plus einen Stapel übersichtlicher Broschüren. Und ein anderes Mal bekommen Sie Ihre Informationen mit Kuli auf einem Schmierzettel – und Service erst nach massiver Nachfrage und zu astronomischen Preisen. Besonders erstaunlich: Selbst innerhalb eines Unternehmens geht die Service-Qualität extrem weit auseinander – je nachdem, an welchen Mitarbeiter Sie geraten.

Doch derartige Zustände sind zum Glück nicht die Regel. Tatsächlich haben viele Unternehmen ganz klare Konzepte entwickelt:

➤ **Markenkonzepte**, die so prägnant sind, dass sie sich im Bewusstsein der Kunden einprägen. Ganz wesentlich werden diese Marken transportiert durch Logo, Markenname und Claim.

➤ **Marketingkonzepte**, die eine klare Positionierung auf dem Markt beinhalten: Wen will ich ansprechen? Wie will ich wahrgenommen werden?

Jetzt stellt sich die Frage: Wie kommen Sie dahin?

Bewerben Sie Ihre ganz spezielle Service-Revue

➤ Denken Sie noch einmal an Ihre Service-Revue entlang Ihrer Kundenkontaktpunkte. Nutzen Sie wirklich jeden Kontaktpunkt, um Ihre Service-Leistungen zu kommunizieren? Und wenn ja: Was sagen Sie – und wie sagen Sie es? Gibt es zum Beispiel ein **übergeordnetes Thema** für Ihre Show, das Sie zur Marke machen könnten?

➤ Wollen Sie zum Beispiel »Service aus einer Hand« bieten?

➤ Oder geht es eher um Tempo (»Der schnellste Pick-up-Service«)?

➤ Oder um Kulanz (»Wir akzeptieren jede Reklamation, immer.«)?

➤ Oder um persönliche Nähe zum Kunden (»Die Beraterbank«)?

➤ Im zweiten Schritt stellen Sie sich die **Stars innerhalb Ihrer Service-Kette** vor. Bei welchen Kontaktpunkten erzielen Sie mit ganz großer Trefferquote ein »Wow!« bei Ihren Kunden? Was machen Sie dabei anders und besser als Ihre Wettbewerber – und welchen Service gestalten Sie vielleicht als Einziger der gesamten Branche genau so, wie Sie es tun?

> ➤ Haben Sie vielleicht ein besonderes Highlight beim Erstkontakt zu bieten?

> ➤ Wie überraschen Sie Ihre Kunden während der Beratung?

> ➤ Was haben Sie sich für eventuelle Wartezeiten der Kunden überlegt?

> ➤ Welches Bonbon bieten Sie dem Kunden zur Unterzeichnung des Kaufvertrags?

> ➤ Was kann Ihr After-Sales-Service besser als der Ihrer Wettbewerber?

> ➤ Schauen Sie sich an, wie andere Unternehmen ihre Services kommunizieren: Ein Positiv-Beispiel, wie Service gleichwertig und parallel zu den Produkten vermarktet wird, stellt das Möbelhaus IKEA dar.

Aufbauhilfe, Matratzenentsorgung und ein verlegter Fußboden

Wir alle haben schon einmal über den Schwarz-weiß-Blättchen mit der Anleitung zum Aufbau eines IKEA-Möbelstücks gebrütet. Doch neben diesem klassischen Aufbau-Guide legt das schlaue Unternehmen jedem Möbelstück auch eine Übersicht seiner Services bei: Möbelmontage durch IKEA-Fachkräfte gegen eine Gebühr in Höhe von 10 Prozent vom Warenwert und eine Grundpauschale. Altmatratzenrücknahme bei Lieferung des neuen Produktes gegen einen Pauschalpreis. Fachgerechter Verlegeservice von Laminatböden zu einem Preis, der pro Quadratmeter berechnet wird. Und, und, und. Ein Blick in den Geschäftsbericht von IKEA zeigt, dass das Unternehmen mit diesen nah am Produkt vermarkteten Services ordentlich Umsatz generiert.

Holen Sie sich im Zweifelsfall Fachleute für Marketing ins Haus, um diese Fragen kompetent zu klären, und auch, um für Ihren Service die passenden Worte und Bilder zu entwickeln.

Claims machen den Weg frei

Ein guter Claim kann Türen öffnen: Der Kunde findet den Service, den er sucht – und der Service kommt im Markt an. Das Geheimnis eines guten Service-Claims liegt darin, dass er die nicht tangible Leistung einer Dienstleistung in einem – im wahrsten Sinne des Wortes – packenden Spruch zum Ausdruck bringt. Zum Beispiel so:

> ➤ **»Alles für diesen Moment«** (Lufthansa): Ein treffender Claim, weil er den Sinn und das Gefühl hervorragenden Services auf den Punkt bringt.

> ➤ **»Verlass' Dich drauf!«** (ProMarkt): Hier gibt es ein eindeutiges Service-Versprechen im Unternehmens-Claim: Auf unseren Service können Sie sich verlassen.

> ➤ **»Jeden Tag ein bisschen besser«** (REWE): Das Unternehmen versichert seinen Kunden, jeden Tag an seinen Leistungen zu feilen und einen besonderen Service-Einsatz zu leisten.

Wenn Sie einen Claim suchen: Geben Sie sich nicht mit dem erstbesten Spruch zufrieden, sondern suchen Sie nach Worten, die für jedermann schnell und gut verständlich sind – und positive Assoziationen hervorrufen. Auch wenn Claims in englischer Sprache schick klingen mögen (»Make the most of now«, »Have it your way«, »Come in and find out«, »Feel the difference«) und Ihnen deutsche Claims zu hölzern vorkommen: Trauen Sie sich, verständlich zu sein – sonst kann die komplette Aktion nach hinten losgehen. Als eine Kölner Werbeagentur vor drei Jahren eine Studie zu Verständnis und Wirksamkeit solcher Slogans durchführte, war das Ergebnis katastrophal: Nur ein Bruchteil der befragten Konsumenten konnte mit den Sprüchen etwas anfangen, viele verstanden auch etwas ganz anderes, als von den Marketingstrategen beabsichtigt war. »Komm rein und finde wieder heraus«, zum Beispiel. (Die betroffene Parfümeriekette schwenkte übrigens um auf den Spruch »Douglas macht das Leben schöner.«)[47]

»Service tested« (TÜV)

Dies ist ein Beispiel für einen erfolgreichen Claim in englischer Sprache (wobei hier der Claim des TÜV gemeint ist, und nicht der jeweils getestete Service): Unternehmen können sich hinsichtlich ihrer Service-Qualität und der Zufriedenheit ihrer Kunden prüfen lassen und anschließend mit dem Zertifikat »Service tested« der deutschen TÜV-Gesellschaften in Print-, TV-, Point-of-Sale- und Plakatwerbung auf sich aufmerksam machen. Die TÜV-Plakette sagt dem Kunden: Hier steckt guter Service drin! Und dass sich das auszahlt, belegt eine Marktstudie, die 2004 durchgeführt wurde: 56 Prozent der Deutschen vertrauen einer Werbeaussage mehr, wenn sie das TÜV-Siegel »Service tested« trägt, und nehmen das damit verbundene Unternehmen grundsätzlich positiver wahr. Auch ServiceRating vergibt Noten für die Servicequalität und erstellt Rankings in unterschiedlichen Branchen. Selbst kleinere Firmen können ihre Servicequalität z. B. bei Excon durch ein Siegel bestätigen lassen. Die Vorschusslorbeeren dürfen natürlich nicht nur eine schöne Fassade bleiben. In erster Linie geht es darum, den Kunden dann tatsächlich mit seiner hohen Service-Qualität zu überzeugen.[48]

Mit Bildern sprechen

Mit einem Logo wird Service für Ihre Kunden fassbarer und attraktiver – und letztlich für Sie profitabler. Gerade wenn Produkt und Service gemeinsam vermarktet werden, dient ein Logo dazu, für den Kunden Orientierung zu schaffen: So weiß er jederzeit, wo es ums Produkt geht und wo es um den dazu gehörigen Service geht, den er einkaufen kann.

Service-Latzhose

Vorbildlich hat das Möbelhaus IKEA diesen Anspruch eingelöst: Für jede Service-Leistung steht ein Bildsymbol, zum Beispiel für die Küchenmontage eine Handwerker-Latzhose. Sie prangt auf Service-Points in den Möbelhäusern, in den Katalogen, den Werbeanzeigen und dem mitgelieferten Produktmaterial. Mit der IKEA-Latzhose wird durch eine klare Bildsprache der Service-Gedanke schnell und verständlich transportiert. Überall wo sie zu sehen ist, weiß der Kunde, dass es um Service geht.

Rot kostet

France Telekom hatte bis zum Rebranding 2006 ein klares Service-Logo kreiert: Ein geschwungenes, weiches und mit Rundungen versehenes &-Zeichen, das von einem farbigen Kreis umschlossen wird. Es vermittelte klar und irgendwie »warm«, dass es hier um zusätzliche Services geht, die man bei Bedarf erwerben kann. Und France Telekom setzte noch einen drauf, indem das Logo in zwei Varianten erschien: War der Logo-Kreis orange gefärbt, handelte es sich um einen kostenfreien Service, war er rot, war der Service kostenpflichtig.

Was gute Service-Logos gemeinsam haben: Sie sind

> **Verständlich:** Ein Symbol oder ein Schriftzug zeigt auf einen Blick, worum es geht.

> **Unverwechselbar:** Ihr Logo steht für Sie – und sieht nicht zufällig ähnlich aus wie ein anderes Logo.

> **Einprägsam:** Je einfacher Ihr Service-Logo gestaltet ist, umso leichter können es sich Kunden merken. Im Idealfall können sie Ihr Service-Logo aus dem Gedächtnis nachzeichnen.

> **Reproduzierbar:** Ihr Logo ist auch dann noch erkennbar (und nicht zu einem undefinierbaren Klecks mutiert), wenn es auf T-Shirts prangt, aus dem Faxgerät kommt oder wenn es gestempelt wird.

> **Überall:** Wenn Sie schon ein Service-Logo haben, dann gehen Sie verschwenderisch damit um. Setzen Sie es überall ein: am Point of Sale, auf der Produktverpackung, auf den Endprodukten – ja selbst auf Rechnungen.

Die 3-fach-Strategie: Steter Tropfen höhlt den Stein

Werbe-Profis und Medien-Coachs wiederholen es wie ein Mantra: Eine Botschaft muss drei Mal übermittelt werden, bevor sie beim Empfänger wirklich ankommt. Beherzigen Sie dies auch bei der Vermarktung Ihrer Service-Produkte. Lassen Sie keine Gelegenheit aus, Ihre Kunden auf Ihre Dienstleistungen aufmerksam zu machen.

Vor einigen Jahren habe ich mir ein Apartment gekauft. Schon beim Erstkontakt machte mich die Geschäftsführerin des Raumausstatters auf ihren Service aufmerksam: Vorhänge abnehmen, reinigen und wieder aufhängen. Aber in all dem Kauftrubel vergaß ich es. Auch im Angebot des Raumausstatters war der Vorhangservice erwähnt. Doch ich blätterte einfach weiter und strich ihn – bewusst oder unbewusst – erneut aus meinem Kurzzeitgedächtnis. Als der Mitarbeiter des Raumausstatters bei meinem Einzug die Vorhänge anbrachte, machte er mir ein drittes Mal das Service-Angebot zur Pflege der Vorhänge. Ich schaute ihn überrascht an und sagte: »Das machen Sie? Das nehme ich gern in Anspruch.« Erst später fiel mir ein, dass mir der Service schon früher begegnet war.

Kunden denken beim Kauf von Produkten erst einmal nicht unbedingt an mögliche Service-Leistungen, weil sie diese in dem Moment oft nicht brauchen. NOCH nicht. Ein Jahr später, wenn die Vorhänge schon etwas grau aussehen, ändert sich das rapide. Am besten, Sie lassen keine Gelegenheit (keinen Kontaktpunkt) aus, um Ihre Services wirkungsvoll zu kommunizieren. Selbst in der Rechnung macht das Sinn! Und eine telefonische oder schriftliche Erinnerung zum richtigen Zeitpunkt ist natürlich das Tüpfelchen auf dem i.

Kommunikation aus einem Guss

Vom Online-Kanal über den Flyer und die produktbegleitende Kommunikation bis hin zur Hotline ist es essenziell für Ihren wirtschaftlichen Erfolg mit Service-Dienstleitungen, dass Sie über alle Unternehmensbereiche hinweg die Kommunikation aufeinander abstimmen. Je größer das Unternehmen, je umfangreicher die Produktpalette und ausgefeilter das Service-Angebot, umso anspruchsvoller ist diese Aufgabe.

In den letzten Jahren hat nicht nur die Anzahl der möglichen Kommunikationskanäle zugenommen, sondern auch die Geschwindigkeit, mit der sich diese entwickeln. Denken Sie nur an das Online-Portal »Second Life«, das zu seiner Anfangszeit innerhalb weniger Monate um mehr als sechs Millionen Nutzer gewachsen ist, oder auf den Internet-Telefonie-Anbieter »Skype«, der mehr als 100 Millionen Menschen weltweit verbindet. Zudem fokussiert man sich auch in der Marketingforschung seit einigen Jahren auf die Tatsache, dass Kunden nicht nur einen Kanal nutzen, um mit einem Anbieter in Kontakt zu treten. Sie wechseln äußerst flexibel zwischen den Kanälen – je nachdem, welcher ihnen in der jeweiligen Situation bequemer erscheint. So greift jemand, der sonst gern per Mail mit einem Anbieter kommuniziert, als Dienstreisender eher zum Telefonhörer, wenn ihm kein Netzanschluss zur Verfügung steht. Und um die Bindung an Ihre Service-Marke dabei nicht zu verlieren, ist es unabdingbar über alle Kanäle hinweg einheitlich zu kommunizieren.

Immer der gleiche kluge Kopf

Geschickt gelöst hat diese Herausforderung beispielsweise der Abo-Service der *Frankfurter Allgemeinen Zeitung*: In allen Printmedien sind Service-Angebote mit einem Logo gekennzeichnet, das bedruckte Zeitungsseiten zeigt. Ruft man bei der Service-Hotline an, stellt ein kurzes Begrüßungsjingle, das an den »Sound« einer Druckmaschine erinnert, die akustische Verbindung zum visuellen Service-Logo her.

Welche Kommunikationskanäle stehen Ihnen für Ihr durchdachtes Service-Angebot zur Verfügung?

Filialen und Händlernetz

Filialen spielen in vielen Branchen immer noch eine wichtige Rolle in der Kundenkommunikation, denn sie stehen für persönliche Beratung, Information und umfassenden Service. Ihr großer Vorteil ist die Möglichkeit zur persönlichen Betreuung und das damit verbundene Vertrauen. Filialen können in der Regel die Service-Wünsche eines Kunden direkt erfüllen.

Außendienst und mobiler Vertrieb

Im Außendienst werden Kunden in der Regel persönlich angesprochen. Mitarbeiter können direkt aktiv werden und ein für den Kunden maßgeschneidertes Service-Angebot abgeben. Durch die persönliche Ebene ergibt sich ein Vertrauens- und Loyalitätsverhältnis zwischen Kunde und Unternehmen. Und der Außendienst unterliegt nicht den Öffnungszeiten.

Montage und Installation

Monteure oder Mitarbeiter, die vor Ort beim Kunden zum Beispiel Installationen oder Wartungen durchführen, sind oft die engste Schnittstelle zum Kunden. Sie können die besten Service-Berater für den Kunden und damit die wichtigsten Service-Verkäufer Ihres Unternehmens sein. Vorausgesetzt, sie sind fundiert ausgebildet, arbeiten reibungslos und strukturiert mit den Kollegen im Innen- und Außendienst zusammen und verfügen über entsprechende Vertriebswerkzeuge und ein wenig Zeit vor Ort. Wenn Sie Anreize schaffen, die das Engagement und eine hohe Kundenzufriedenheit honorieren, kann dieser Kundenkontaktpunkt zu Ihrem größten Motor für Service-Wachstum werden.

Schriftliche Kundenkommunikation

Briefe an die Kunden gelten als eines der ältesten Kommunikationsmittel der Welt. Diese weit zurückreichende Tradition hat dazu geführt, dass diese Form der Kommunikation auf Kundenseite eine sehr hohe Akzeptanz genießt. Im Vergleich zu anderen Kanälen, die ähnliche Eigenschaften wie der Brief haben – etwa die E-Mail –, schlagen die höheren Kosten als Hemmnis für die Nutzung des Briefes zu Buche.

Telefon

Kunden eines Unternehmens nutzen das Telefon vor allem deshalb, weil es schnell, zeit- und ortsunabhängig, kostengünstig und sehr einfach nutzbar ist. Aus Unternehmersicht stellen sich dieselben Vorteile dar: Nirgendwo kann man schneller, einfacher und unabhängiger seine Service-Inhalte kommunizieren als am Telefon. Zudem stellt die Sprache in der Kommunikation eine besondere Beziehungsqualität dar. Dabei gibt es die unterschiedlichsten organisatorischen und technischen Möglichkeiten: Call-Center, kostenlose Rufnummern mit automatisierter Beantwortung – in der Fachsprache auch »Interactive Voice Response« genannt – sowie kostenpflichtige Nummern mit persönlicher Betreuung. So setzt die Deutsche Bahn ein kostenpflichtiges Call-Center ein, in dem die Kunden alle Informationen bekommen und Transaktionen durchgeführt werden können. Daneben gibt es eine kostenlose automatische Auskunft auf Basis eines automatisierten Systems, die nur über Zugverbindungen informiert.

Zeitung, Fernsehen, Radio

Die größten Vorteile von Zeitung, Fernsehen und Radio sind die hohe Verbreitung, Akzeptanz und die Nutzungsintensität dieser Kanäle. Im Gegensatz zu den bisher vorgestellten Kommunikationskanälen sind diese Kommunikationsmedien rein konsumtiv – ihnen fehlen also die Interaktionsmöglichkeiten. Allerdings gibt es mehr und mehr Bestrebungen, diesen Nachteil aufzuheben, etwa im Bereich interaktives Fernsehen.

REDLINE | VERLAG

Ihre Meinung ist uns wichtig!

Welche Themen interessieren Sie am meisten? Kreuzen Sie die folgenden Punkte an und senden Sie die Karte an uns zurück. **Als Dankeschön** für Ihre Antwort erhalten Sie **ein Buch** aus unserem Programm **geschenkt!*** Kreuzen Sie einfach Ihr Wunschbuch rechts in der Auswahl an.

○ Wirtschaft & Politik   ○ Beruf & Karriere

○ Marketing & Verkauf   ○ Management & Unternehmensführung

○ **Mich interessieren besonders diese Themen:** _____

_____

Lust auf mehr Information? Besuchen Sie uns im Internet unter www.redline-verlag.de. Wir freuen uns auf Sie!

www.redline-verlag.de

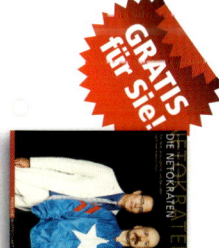

GRATIS für Sie!

Antwortkarte

REDLINE Verlag
Nymphenburger Str. 86
D-80636 München

Absender

Name, Vorname

Firma

Straße, Hausnummer

PLZ, Ort

Telefon

E-Mail

Diese Postkarte lag im Buch:

Ich bin auf das Buch aufmerksam geworden durch:

● Internet ● Buchhandel ● Presse ● Freunde/Bekannte/Familie

Sonstiges:

● Sie dürfen mich auch gerne telefonisch kontaktieren

● Ja, ich möchte den kostenlosen Newsletter zu Ihren Highlights, Specials und
Sonderangeboten per E-Mail erhalten

Datum/Unterschrift

● Ich erkläre mich damit einverstanden, dass meine freiwilligen Angaben zusammen mit den für die Abwicklung des Geschäfts-
vorfalls erforderlichen Angaben vom REDLINE Verlag, seinen Dienstleistern sowie anderen ausgewählten Unternehmen für
Marketingzwecke genutzt werden, um interne Marktforschung zu betreiben und um mich über interessante Angebote zu
informieren. Sollte ich dies nicht mehr wünschen, kann ich dies jederzeit schriftlich mitteilen.

Internet

Das Internet hat sich in den letzten Jahren zu einem vollständigen, interaktiven Kommunikationskanal entwickelt und bietet ein ganzes Bündel von Möglichkeiten zur Vermittlung von Service-Angeboten. Dazu gehören unter anderem E-Mails, Internetportale, Chats, FAQ, Web 2.0 oder der sogenannte Social Commerce. Darunter versteht man die Beteiligungen von Kunden an Design, Verkauf und Marketing eines Produktes – zum Beispiel über Kaufempfehlungen oder Kommentare sowie über Einkaufslisten mit Lieblingsangeboten in Kunden-Weblogs. Allen Kommunikationskanälen des Internets ist gemein, dass sie in der Regel einfach zu bedienen und vor allem nicht an Ort und Zeit gebunden sind. Hinzu kommt die mittlerweile hohe Akzeptanz für eine Nutzung. Aus Unternehmenssicht sprechen zudem die automatisierte Abwicklung und die Möglichkeit zur digitalen Ablage und Archivierung für das Internet. Es muss aber auch gesagt werden, dass für Unternehmen die Nutzung des Internets umfangreiche Investitionen in die technische Infrastruktur bedeuten kann. Auf der anderen Seite lässt sich im Vergleich zu persönlichen Gesprächen im Call-Center eine Menge Geld je Kontakt sparen. Ein guter Mix aus beiden Kanälen wird hier der Königsweg sein.

Selbstständige Partner und indirekter Vertrieb

Neben den Kommunikationskanälen, die einem Unternehmen rechtlich und organisatorisch zugeordnet sind, nutzen Unternehmen auch Wege, die sie nicht selbst kontrollieren und organisieren. Die Abgabe an selbstständige Partner kann zwar für ein Unternehmen mit wenig Aufwand den Umsatz erhöhen, doch zugleich besteht dabei die Gefahr, dass die Einheitlichkeit in der Kommunikation von Service-Produkten verloren geht. Prüfen Sie also diesen Schritt genau – und wählen Sie Ihre Partner sehr sorgfältig aus.

Um die Kommunikation Ihrer Service-Produkte über alle Kanäle hinweg einheitlich zu halten, sollten Sie folgende Punkte beherzigen:

> Achten Sie auf eine einheitliche Tonalität in Ihrer Sprache, mit der Sie sich an Ihre Kunden wenden.

> Verwenden Sie überall dasselbe hochwertige Bildmaterial und hervorragende Illustrationen.

> Setzen Sie auf feststehende Designelemente, die über alle Kanäle hinweg wiederholt werden. Dazu gehören Logos, aber auch Reiter auf den Titelseiten von Broschürenkapiteln oder auf Internetseiten.

> Bieten Sie auf allen Kanälen übereinstimmende Inhalte und dieselben Fakten, mit denen Sie für Ihre Service-Angebote argumentieren.

> Denken Sie daran, auch am Point of Sale und bei Events ihre Kommunikationslinie einzuhalten, zum Beispiel auf Displays.

100 Prozent Service

Ein Beispiel für gelungenes Service-Marketing über alle Kanäle, das von vorn bis hinten wie aus einem Guss kommt, bietet das Unternehmen Evobus GmbH in Stuttgart. Über seine Service-Marke OMNIplus bietet die Daimler-Tochter Service-Produkte für Busse an. Das Unternehmen führt unter seinem Dach mehrere renommierte Busmarken. Um eine Mehrmarkenführung im Service zu vermeiden und gleichzeitig den Kunden in der Werkstatt nicht mit der »falschen« Produktmarke zu konfrontieren, entschied man sich, die Produktmarken übergreifende Servicemarke OMNIplus zu etablieren. In seinen Werbebroschüren arbeitet OMNIplus sprachlich mit einer einheitlichen Tonalität und verwendet zum Beispiel wiederholt das Element »100 Prozent«: »100 Prozent Bus«, »100 Prozent Original«, »100 Prozent Professionalität« und so weiter. Das Unternehmen arbeitet auf seiner Homepage und in seiner schriftlichen Kommunikation ausschließlich mit hochwertiger Bildsprache und verwendet Fotos, die durch Lichteffekte eine starke emotionale Wirkung erzeugen. Feststehende Designelemente wie der leicht bläuliche Hintergrund, grafische Reiter auf den Titelseiten der Homepage sowie das OMNIplus-Logo sorgen für visuelle Orientierung. Inhaltlich argumentiert Evobus mit nachvollziehbaren Fakten und präsentiert diese als Argument für seinen Service. So wird beispielsweise verraten, welche hochwertige Logistiksoftware eingesetzt wird, um die Beschaffung von Bus-Ersatzteilen reibungslos ablaufen zu lassen. OMNIplus-Displays, die am Point of Sale oder auf Events aufgestellt werden, entsprechen in Gestaltung und Aufbau den Internetseiten des Unternehmens, den Werbebroschüren, den Rechnungen und dem Infomaterial. Alles aus einem Guss eben – Kommunikationskonsistenz über alle Kanäle. Anders ist der Unternehmenserfolg mit Service nicht zu erzielen.

Wollen Sie 100 Prozent Erfolg mit Ihren Service-Angeboten? Dann kommen wir jetzt zur Kern der Sache: Zum Verkauf.

Service richtig verkaufen

» Ich habe kein Marketing gemacht. Ich habe immer nur meine Kunden geliebt.«

Zino Davidoff
(Schweizer Zigarrenhersteller)

Ein Produkt und der dazugehörige Service gehören immer gemeinsam vermarktet. Nutzen Sie die Synergien, die dabei entstehen! Der Service im Autohaus zum Beispiel kann zum Kauf eines neuen Wagens beflügeln. Ein Softwareunternehmen, das nur seine Produkte verkauft, verschenkt Geld, wenn es nicht auch die Software vor Ort installiert und in Betrieb nimmt – weil sich nahezu alle Kunden parallel zum Kauf einer Software fragen: »Und wie kriege ich das auf meinen Rechner?« Eine weitere Dienstleistung, die im Business-to-Business-Bereich von Softwareunternehmen als selbstverständlicher Service erwartet wird, ist ein Training für die Mitarbeiter, die mit der Software arbeiten sollen.

Die Kunst des Bündelns

Produkt und Service gehören zusammen. Die Frage ist nur: Wie? Ist es besser, den Service mit dem Produkt gemeinsam zu vermarkten und einen Einheitspreis für beides zu verlangen? Oder ist es sinnvoller, Services gar nicht an das Produkt zu koppeln und einzeln zu berechnen – je nachdem, wie sie anfallen? Nun, beides ist möglich.

Warum nicht einen DSL-Anschluss inklusive Installation anbieten? Und für die drahtlose WLAN-Verbindung zahlt der Kunde noch einen Aufpreis, genau wie für die 24-Stunden-Reparatur-Garantie für den Laptop. Oder bietet man gleich all das in einem Rundum-sorglos-Paket zu einem günstigen Preis an? Die Antwort ist nicht einfach – weil tausendfach und je nach Unternehmen und Service-Angebot unterschiedlich.

Bei **Versatel** gibt es seit 2009 das optionale Zusatzmodul »Service Plus« für Privatkunden. Für monatlich sechs Euro bietet »Service Plus« dem Kunden jederzeit kostenfrei einen Ansprechpartner in der Kunden-Hotline, eine garantierte Entstörfrist von 24 Stunden sowie eine Bearbeitung von Beschwerden innerhalb von maximal zwei Werktagen. Zusätzlich beinhaltet das Modul auch eine Internet Security. Ein günstiges Paket mit wertvollen Services. Und sollte Versatel sein Versprechen einmal nicht halten können, bekommt der Kunde die komplette Grundgebühr des genutzten Produktpaketes sowie die Kosten für das Service-Modul für den jeweiligen Monat zurückerstattet. [49]

In einigen **Hotels** dürfen Gäste das WLAN-Funknetz kostenlos nutzen – für das gute alte Nähzeug müssen sie jedoch extra zahlen. Ich zumindest finde den Funknetzservice klasse, wenn ich unterwegs bin! Fürs Nähzeug zahle ich gern – wenn ich es denn überhaupt noch einmal in meinem Leben benötige.

Eine besonders zukunftsträchtige Service-Variante im Business-to-Consumer-Bereich ist das Angebot von **Versicherungen** zum Beispiel für Laptops. Hier besteht die Möglichkeit, eine Versicherung gegen Diebstahl oder Produktbeschädigungen hinzuzukaufen oder sich zusätzlich mit einer 12-Stunden-Reparatur-Garantie einzudecken. Versicherungsunternehmen haben herausgefunden, dass bereits 10 Prozent der Käufer diese Form der Garantieverlängerung nutzen. Und es werden immer mehr.

Extras kosten extra

Auch bei der Entwicklung von Exklusiv-Services kontra Inklusiv-Services ist der Business-to-Business-Bereich wieder Vorreiter: Maschinenbauer und Messtechnikhersteller bieten eine Menge Sonder-Services an, die man bei Bedarf hinzukaufen kann: Dazu gehört beispielsweise die Schulung der Mitarbeiter zur Bedienung der Anlagen oder auch die Überwachung der Messtechnik aus der Ferne.

Service-Paket oder lieber Service-Menü?

Sie haben die Wahl, an Zielgruppen orientierte Service-Pakete zu schnüren oder Ihren Kunden ein Service-Menü zu offerieren, aus dem man sich je nach Bedarf einzelne Dienstleistungen zusammenstellen kann.

Service nach Wahl

Der Telekommunikationsanbieter **France Télécom**[50] bietet beispielsweise nur teilweise Pauschalpakete an. Stattdessen klickt man sich auf der Homepage durch eine ganze Reihe wählbarer Features und stellt sich so sein eigenes Service-Paket zusammen.

Heidelberger Druckmaschinen[51] bietet einen Mix aus Rundum-sorglos-Paket und Baukastensystem an. Nach Anschaffung einer Druckmaschine ist innerhalb der ersten 36 Monate ein umfangreiches Service-Paket inklusive. Im Anschluss kann der Kunde einen »Partnerbrief« abschließen. Der Kunde wählt dabei nach einer Vorab-Analyse aus variablen Modulen exakt den Service-Grad aus, den er für sich am besten hält. Der Umfang und die Vertragslaufzeit sind flexibel.

Im Oktober 2008 startete **MediaMarkt** eine äußerst gelungene Service-Kampagne: In grafisch attraktiv und übersichtlichen Anzeigen werden drei unterschiedliche Service-Pakete angeboten. Zu sehen ist dabei ein freundlicher MediaMarkt-Mitarbeiter, der auf einer Sackkarre drei Pakete mit Service-Logo trägt. Auf den Paketen ist jeweils zu lesen, welche Services zu haben sind: Das Standard-Paket beinhaltet die Lieferung des Produkts am Wunschtag »bis hinter die erste Tür«. Das Komfort-Paket enthält die Lieferung bis zum Wunschort, das Auspacken, die Entsorgung des Verpackungsmaterials, die Mitnahme des Altgerätes, den Anschluss, die Inbetriebnahme und die Erklärung der Grundfunktionen. Wer sich für das Premium-Service-Paket entscheidet, bekommt zu allem bisher Genannten noch den Ein- oder Unterbau nach handwerklichen Regeln oder die Wandmontage – zum Beispiel bei Flachbildschirmen – dazu. Das ist klare, übersichtliche Service-Kommunikation.

Vor zwei Jahren kam **ABB Robotics**, ein weltweiter Anbieter von Energie- und Automationstechnik, mit einem schlüssigen Konzept von Service-Paketen auf den Markt. Die einzelnen Angebote sind:

> »Maintenance Package«: ABB garantiert für alle Service-Maß-
> nahmen zur Instandhaltung eines Produktes, um Produktions-
> ausfälle zu vermeiden.

> »Response Package«: ABB garantiert die Antwort auf Kunden-
> anfragen innerhalb einer definierten Zeitspanne, die vom Ort
> des Kunden abhängig ist.

> »Warranty Package«: ABB garantiert die stetige Kontrolle über
> die Gesamtheit aller Kosten, die mit der Investition in das
> Service-Produkt anfallen.

> Nach Angaben von ABB beziehen 10 Prozent aller ABB-Kun-
> den das »Warranty Package«, 30 Prozent das »Maintenance
> Package« und 15 Prozent das »Response Package«. Insgesamt
> ordern vier Fünftel aller Kunden, die bei ABB Robotics ein Pro-
> dukt erworben haben, auch eine Service-Leistung.

Baukastensystem, modulares Service-Paket oder »all inclusive«?
Diese Frage lässt sich nicht pauschal beantworten. Kunden suchen
einerseits Orientierung, Halt und eine umfassende Absicherung.
Auf der anderen Seite wollen sie aber das Gefühl haben, selbstbe-
stimmt und »mündig« zu bleiben. Service-Angebote sind für den
Kunden vor allem dann attraktiv, wenn sie beide Aspekte verbinden.
Sie müssen Sicherheit geben und gleichzeitig das Gefühl der Unab-
hängigkeit, Autonomie und Entwicklungsmöglichkeit vermitteln.

Immer wieder neu schnüren

Um als Service-Führer in den Köpfen der Kunden verankert zu bleiben, ist es notwendig, sein Service-Portfolio regelmäßig einer Inven-
tur zu unterziehen und zu erneuern. Das kann zum Beispiel durch
eine Erweiterung der Garantieleistungen erfolgen oder durch die
Einführung neuer Bezahlmodelle, bei denen die in Anspruch ge-
nommene Leistung minutiös gezählt – und nur diese bezahlt wird.
Dabei ist die Qualität der neuen Angebote entscheidend, nicht die
Quantität. Natürlich unterscheidet sich die Durchschlagskraft inno-

vativer Service-Modelle von Branche zu Branche: Im Maschinenbau wird exklusiver Service mit emotionalem Mehrwert immer hinter dem Reparatur-Service und dem Ersatzteil-Service rangieren. Ganz anders ist das in der Telekommunikationsbranche.

Service hat seinen Preis

Auch für Service-Leistungen gilt die Kölsche Weisheit: Watt nix kost, datt is nix. Vermeiden Sie also sogenannte Blindleistungen in Ihrem Angebot. Und bedenken Sie, dass die Preisbereitschaft der Kunden vom wahrgenommenen Nutzen abhängt – und nicht von den kalkulierten Kosten der Leistungen! Sogenannte Kosten-plus-Profit-Kalkulationen führen regelmäßig zu Preisen, die zu niedrig sind, manchmal aber auch zu hoch sein können.

Und pauschale Preise können dazu führen, dass »Heavy User« übervorteilt und »Light User« benachteiligt werden und womöglich abwandern. Ich empfehle Ihnen, genau hinzuschauen, was sich Kunden wünschen und welchen Wert Sie dem jeweiligen Service zusprechen. Danach können Sie eine Preisdifferenzierung vornehmen, die sich am Ende in Gewinnen auszahlt, weil Sie auf diese Weise mehr individuelle Zahlungsbereitschaft abschöpfen. Dabei können Sie die Preisdifferenzierung zum Beispiel nach Kundengruppen, Nachfragemengen, geografischen Regionen oder Nachfragezeitpunkten vornehmen.

Service spart Kosten

Eine perfekte Service-Revue auf die Beine zu stellen – das kostet Zeit, Kraft und Geld. Wenn diese Revue aber einmal steht und wenn sie exzellent ist, dann fallen plötzlich jede Menge Kosten weg. Warum? Es gibt weniger Reklamationen, Sie zeigen Ihrer Kundschaft wirklich nur das, was sie auch gut findet, und Sie werfen Sondernummern aus dem Programm, welche die Kunden bislang ohne Bezahlung »mitgenommen« haben.

Weniger Rücknahmen

Noch vor ein paar Jahren konnte fast jeder Konsument seinen Neuerwerb ohne Bedienungsanleitung in Betrieb nehmen. Diese Zeiten sind vorbei: Ob DVD-Player, Digitalantenne oder Internetradio – die Produkte werden immer komplexer, die Kunden immer verzweifelter. Ab dem Jahr 2000 ist die Zahl der Käufer, die mit ihrem neuen Elektronikgerät nicht zurande kommen, rapide gestiegen. Immer mehr greifen zum Hörer und melden sich bei den Support-Hotlines der Hersteller.

Der Witz dabei: Nur die wenigsten Anfragen erfolgen aufgrund wirklicher Defekte. Mehr als 90 Prozent der Hotline-Telefonate beschäftigen sich bloß mit der Einrichtung oder Bedienung eines Produkts. Und immer mehr genervte Kunden geben ihren Kauf gleich ganz zurück: Die sogenannte NDF-Rate – NDF steht für »non defect found« beziehungsweise »kein Fehler feststellbar« – bei der Prüfung von Kundenreklamationen liegt bei einigen Produkten mittlerweile bei über 50 Prozent. Mit einem vermeintlich defekten Internetradio im Markt vor die Wahl gestellt, entscheiden sich über 90 Prozent der Kunden aufgrund der schlechten Erfahrungen mit dem zuerst gekauften Gerät für ein Konkurrenzprodukt – so der »Servicereport 2010« des BVT (Bundesverband Technik des Einzelhandels).

Diese Entwicklung hat zu zwei ganz entscheidenden Veränderungen auf Konsumenten- und Herstellerseite geführt. Erstens: Jeder vierte Kunde in Deutschland macht regelmäßig schlechte Service-Erfahrungen. Und etwa die Hälfte von ihnen wechselt danach die Einkaufsquelle. Zweitens: Unternehmen der Elektronikbranche machen Verluste, weil sie die durch Rückgaben entstandenen Kosten in der Regel nicht kalkuliert haben und durch frustrierte Käufer keine langfristige Kundenbindung aufbauen. Wie konnte es so weit kommen?

Durch hohe Gewinne in der Consumer Electronics Branche zur Goldgräberzeit Ende der 1990er-Jahre haben viele Hersteller und Importeure ihren After-Sales-Bereich vernachlässigt. Jedes vermeintlich defekte Gerät wurde, meist ohne Überprüfung, gegen Neuware eingetauscht oder vom Handel gutgeschrieben. Kein Wunder, dass insbesondere gegen Ende der Garantiezeit immer häufiger Ansprüche auf Ersatz gestellt wurden. Eine Zeit lang ging das gut. Doch inzwischen gibt es einen härteren Wettbewerb und auch die Gelder sind knapper. Kein Unternehmen kann es sich heute mehr leisten, den After Sales-Service so schleifen zu lassen.

Service-Konzepte, die auf Austausch und Gutschrift beruhen, funktionieren nicht mehr und rechnen sich nicht. Hinzu kommen frustrierte Kunden, deren Markenbindung und Markentreue zerstört wird: Die Autoren der BVT-Studie rechnen vor, dass Unternehmen des Elektronik-Einzelhandels wegen mangelnden Services jährlich 3 Prozent ihrer Kunden verlieren. Ebenso hoch ist der damit einhergehende Umsatzverlust.

Um die Rücksendequoten nicht in astronomische Höhen steigen zu lassen und mehr Käufer an sich zu binden, muss es in den Filialen Verkaufspersonal mit hervorragender Warenkenntnis geben. Es muss Bedienungsanleitungen geben, die nicht hingeschludert, sondern übersichtlich und verständlich gestaltet sind. Und es muss Support-Hotlines geben, die nicht auf niedrigstem Kostenniveau eine Alibi-Funktion erfüllen, sondern wirklich weiterhelfen und nicht die Verwirrung und den Kundenärger noch vergrößern. Die Zeit ist reif für überraschende neue Service-Konzepte. Nicht zuletzt, weil sie Geld bringen.

Und das gilt gerade in wirtschaftlich schwierigen Zeiten: Wenn es kriselt, entpuppen sich offensichtliche Kosten moderner Service-Konzepte, die auf den ersten Blick teuer erscheinen, bei genauerem Hinsehen als die weitaus günstigere und nachhaltigere Methode. Das zeigt das Beispiel Maschinenbau: Eine wirtschaftlich schwache Phase kann einen Anbieter, der sich auf den Bau und Verkauf von hoch spezialisierten Anlagen konzentriert, schnell in existenzielle Nöte bringen. Denn hier liegt die Umsatzrendite im Schnitt gerade mal bei 2,5 Prozent. Gute Geschäftsmodelle zielen daher auch auf die margenträchtigen Dienstleistungen. Das können zum Beispiel Instandhaltung, Reparatur und der Umbau sein. Hinzu kommen Beratung und weitere Service-Leistungen. Die bringen Umsatzrenditen zwischen 8 und 16 Prozent!

Lohnend sind Investitionen in den Service auch, weil der Kapitalbedarf im Vergleich zum reinen Maschinenbau geringer ist – damit sinken natürlich auch die Risiken. Service-Umsätze sind zudem weniger zyklisch, und in einigen Branchen verhält sich der Service sogar antizyklisch, weil in Schwächephasen weniger investiert wird, dafür aber Nachrüstungen und Umbauten stärker gefragt sind.

Geringere Reparaturkosten

Apropos Nachrüstungen und apropos Reparaturen: Um Ihre Service-Dienstleitungen effizient und profitabel ausführen zu können, müssen Ihre Produkte servicetauglich designt sein. Ein Aspekt, den Sie bei der Produktentwicklung immer im Auge behalten sollten. Montageteile sollten möglichst standardisiert sein und die Installation eines Produkts sollte nicht so weit vom Kunden variiert werden können, dass es für Ihre Techniker nicht mehr zugänglich ist. Anfäl-

lige Bauteile müssen leicht erreichbar und somit schnell austausch-
bar bleiben. Das setzt voraus, dass es bei der Produktgestaltung einen engen Schulterschluss zwischen der Produktentwicklung und
den Mitarbeitern im Service gibt.

Weniger Aufwand im Customer Care

Als ich vor einigen Monaten einen Führungskräfte-Workshop eines namhaften Unternehmens in der Schweiz leitete, stellte einer
der Teilnehmer dieses System zu Recht in Frage: »Es ist falsch, zu
glauben, dass unsere Mitarbeiter im Customer Care mit geschlif-
fener Rhetorik Fehler ausräumen und den Kunden wieder zufriedenstellen können. Wir müssen die Ursachen der Fehler anpacken
– dort wo sie verursacht werden.« Ich plädiere hier nicht für die Ab-
schaffung der Support-Hotlines. Die werden gebraucht, und zwar
in höchstmöglicher Qualität. Und trotzdem streite ich dafür, Probleme da zu lösen, wo sie herkommen – und nicht da, wo sie ankommen.

Die möglichen Auslöser für Anrufe im Call-Center sind vielfältig:
falsche Bearbeitungsnummern, Transportschäden, Fehlmengen,
fehlende Zubehörteile, unpassende Belastungsanzeigen oder Rech-
nungskosten. Man spricht dabei auch von verdeckten Service-Kosten. Mit anderen Worten: Service-Kosten, die sich leicht vermeiden
lassen. Im Gegensatz zu offenen Service-Kosten für Kundenbetreuung, Verpackung, Porto oder Lieferscheinerstellung sind die verdeckten Kosten zudem kaum durchschaubar und sehr schwer zu
kalkulieren. Es klingt hart, aber ich plädiere in diesem Fall für die
Optimierung über Schmerzen. Ich will das an einem einfachen Beispiel verdeutlichen: Ein Kunde meldet sich bei der Hotline eines
Energieanbieters, klagt darüber, dass er seine Rechnung nicht versteht. Die Call-Center-Mitarbeiterin kontaktiert die Buchhaltung
oder die »zuständige Abteilung«, die den Vorgang prüft. Es gibt die
Rückmeldung: Wir können aus Systemgründen keine andere Rech-
nungsvariante ausstellen und ausdrucken. Also gibt es wiederum ei-

nen Anruf beim Kunden, um ihm seine Rechnung zu erklären. All das verursacht Service-Kosten, weil man an anderer Stelle nicht optimal arbeitet. Oft fühlt sich der Verursacher der Rückfrage oder Beschwerde noch nicht einmal für den Aufwand, die mangelhafte Service-Qualität und vor allem die Enttäuschung des Kunden verantwortlich. Die Gründe dafür sind wiederum vielfältig: Der direkte Kundenkontakt fehlt oder es hat sich noch nicht herumgesprochen, dass **jeder** einen Anteil an der Service-Qualität des Unternehmens hat. **Mein Tipp:** Belasten Sie den Verursacher mit diesen Kosten.

Identifizieren Sie die Auslöser von unerwünschten Rückfragen oder Beschwerden in Ihrer Service-Anlaufstelle. Fassen Sie diese sinnvoll und überschaubar in Ursachencluster zusammen. Ordnen Sie die Ursachen der jeweiligen Abteilung und dort einem Verantwortlichen zu. Legen Sie durchschnittliche Kosten je Kontakt fest und dokumentieren Sie, wie oft welche Ursache auftritt – das Ergebnis ist eine aussagekräftige »Pannenstatistik« in Sachen Service. Wenn also wie in unserem Fall zum Beispiel 100 Kunden anrufen, weil sie die Rechnung nicht verstehen und ein Kundenkontakt mit 15 Euro beziffert würde, dann würden der verursachenden Abteilung 1.500 Euro in Rechnung gestellt. Das Team wird sich mit Sicherheit darum kümmern, in Zukunft Rechnungen auszustellen, die kundenfreundlicher gestaltet und gut zu lesen sind. Service-Qualität wird dann plötzlich auch in der Buchhaltung und der IT großgeschrieben!

Mit dem Zuordnen der Kosten allein ist es natürlich nicht getan. Und die Motivation für eine exzellente Service-Revue sollte langfristig nicht der Wille sein, Schmerz und Kosten zu vermeiden, sondern Freude dafür zu entwickeln, dem Kunden das Leben schöner und einfacher zu machen. Service-Optimierung bleibt nur dann ein motivierendes Dauerthema, wenn Sie in einem regelmäßigen, abteilungsübergreifenden Jour fixe mit den Verantwortlichen die Statistik der negativen Kundenkontakte offen und konstruktiv durchgehen. Wenn Sie die Schwachstellen konsequent beseitigen und Verbesserungen entwickeln. Die messbaren Erfolgserlebnisse und Fortschritte werden Sie und Ihre Mitarbeiter beflügeln, konsequent weiterzumachen.

Weniger Dienstleistungen am Kunden vorbei

Natürlich hat die Wirtschafts- und Finanzkrise auch einschneidende Auswirkungen auf die Service-Leistungen eines Unternehmens. Diese werden gerade jetzt immer wieder darauf abgeklopft, ob sie noch sinnvoll sind oder zum Anachronismus geworden sind. Doch darin liegt auch eine große Chance! Es lohnt sich, kritisch zu hinterfragen, was Kunden wirklich wollen oder brauchen und worauf sie gern verzichten.

Beispiel Hotel: Braucht der Gast heute wirklich noch ein Telefon auf dem Zimmer? Heute reist so gut wie jeder Gast mit Mobiltelefon und immer mehr Menschen nutzen dafür eine Flatrate. Es gibt bereits Hotels, die nur auf Wunsch ein Telefon gegen Pfand anbieten. Und das wird vermutlich nur in seltenen Fällen in Anspruch genommen – zum Beispiel von Gästen, die den Roomservice nutzen wollen oder ihr Handy vergessen haben. Wir haben festgestellt, dass nicht einmal 3 Prozent der Gäste überhaupt bemerkt haben, dass kein Telefon auf dem Zimmer war. Dagegen schätzt der Geschäftsreisende von heute sinnvolle und zeitgemäße Service-Leistungen wie einen kostenlosen WLAN-Zugang, ein Frühstück »to go« als mögliche Alternative zum Büffet oder in Städten eine Schallschutzlüftung für zur Straßenseite gelegene Fenster.

Vielleicht gibt es auch bei Ihnen Service-Leistungen, die sich überholt haben und kostensparender durch sinnvolle Ideen ersetzt oder durch moderne Technologien optimiert werden könnten?

Weniger Blindleistungen

Sehr einfach können Unternehmen zusätzliche Service-Umsätze verbuchen, wenn sie Dienstleistungen berechnen, die sie bisher selbstverständlich und ohne Extrakosten geboten haben. Gerade in Industrieunternehmen ist es üblich, dass technische Dienstleistungen im Gesamtpreis enthalten sind. Oftmals ist den Kundendienst-

Mitarbeitern oder Monteuren auch gar nicht bewusst, dass sich die Probleme, die sie vor Ort lösen, in Euro und Cent beziffern lassen.

»Wenn es gelingt, solche Services aus dem Gesamtpaket herauszulösen und separat zu berechnen, so kann die Auswirkung auf Umsatz und Gewinn beträchtlich sein«, schreibt Hermann Simon, Experte für die Strategien der unbekannten Weltmarktführer in Deutschland, Österreich und der Schweiz.[52] Allerdings ist hier Fingerspitzengefühl gefragt: Kunden können sehr verärgert reagieren, wenn sie plötzlich für jede Viertelstunde Telefongespräch mit dem Servicetechniker und für jede seiner Handbewegungen eine Gebühr zahlen sollen – zumal wenn sie dies 20 Jahre lang nicht getan haben.

Handelt es sich aber um eine herausragende Dienstleistung, wie etwa eine superschnelle Lieferung, spezielle Schulungen oder beispielsweise die Übernahme von Transportrisiken, dann zahlen die Kunden, die das zu schätzen wissen, gern.

Service bringt Gewinn

Mit Service lässt sich viel schneller Geld verdienen als mit neuen Produkten. Services lassen sich auch viel schneller und mit viel kleinerem Budget entwickeln als Produktinnovationen. Und das Beste: Ihre Kunden helfen Ihnen mit ihren Beschwerden und mit ihren Empfehlungen ungefragt dabei, immer besser – und damit immer erfolgreicher zu werden.

Höhere Margen als im Neuproduktgeschäft

In vielen Industrieunternehmen richtet sich die gesamte Aufmerksamkeit darauf, dass Produkte rechtzeitig entwickelt werden und in Serie gehen, dass technische Probleme gelöst und Lieferengpässe überwunden werden. Die Produktion steht im Mittelpunkt – und das Geschäft mit Neuprodukten. Das Interesse an Service ist in der Industrie oft dann gering, wenn der Markt brummt.

Umgekehrt: Stockt die Produktion oder das Geschäft, weil (Krise! Krise!) die Nachfrage einbricht, fällt auf, was alles schlecht läuft. Dann werden plötzlich Kräfte frei, die sich um Service kümmern können. Und siehe da: Das bringt richtig Geld. Hermann Simon zeigt, dass sich im Neuproduktgeschäft viel geringere Margen erzielen lassen als im Geschäft mit Ersatzteilen, mit Service, mit Umbau oder mit gebrauchten Produkten.

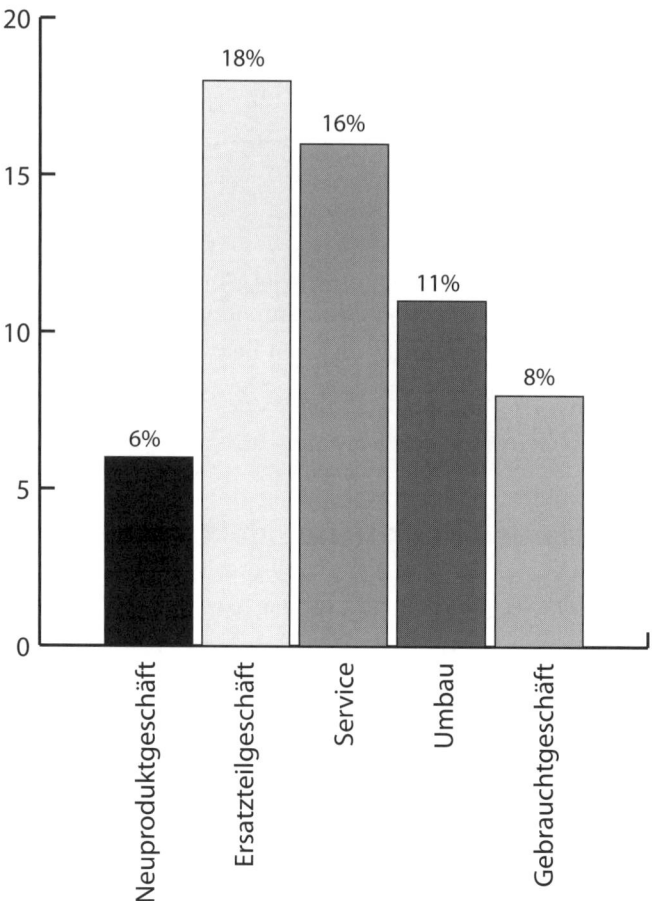

Abb. 13: Margen in unterschiedlichen Teilgeschäften (Quelle: Hermann Simon: 33 Sofortmaßnahmen gegen die Krise. Campus, 2009, S. 141[53])

Verlängerung der Wertschöpfungskette

Es ist noch gar nicht lange her, da riefen die Berater landauf, landab, die Unternehmen sollten sich doch bitteschön auf ihre Kerngeschäfte konzentrieren. Dies und nichts anderes brächte Erfolg. Nun, die Zeiten ändern sich. Wenn es kriselt, kann es sinnvoll sein, die eigene Wertschöpfungskette zu verlängern. Was heißt: Firmen mit vor- oder nachgelagerten Dienstleistungen die Aufträge abzujagen. Und was auch heißt: Eigenen Mitarbeitern, die sich mangels Aufträgen die Beine in den Bauch stehen, neue Arbeitsinhalte zu geben. Konkret bieten sich folgende Services an:

➤ Schulung und Training von Mitarbeitern auf Kundenseite

➤ Leasing

➤ Objektplanung

➤ Beratung

➤ Handel mit gebrauchten Produkten

➤ Handel mit Ersatzteilen

➤ Renovierung

➤ Reparaturen[54]

Viele erfolgreiche Maschinenbauunternehmen haben ihren Service heute zum Kerngeschäft erklärt. Der Verkauf des Produkts erfüllt dabei vor allem die Funktion eines Türöffners. Die eigentlichen Gewinne werden erst mit den verkauften Service-Produkten generiert. Wie groß das Potenzial im After-Sales-Bereich noch ist, belegen Zahlen, die wiederum aus dem Maschinenbau kommen: Drei Viertel aller Maschinenbauer liegen beim Service-Umsatz noch unter 20 Prozent. Spitzenperformer hingegen erreichen schon 49 bis 60 Prozent.

Der Maschinenbau macht's vor

Vorausschauende Manager im Maschinenbau haben bereits vor Jahren ihr Servicegeschäft ausgebaut. Ein leuchtendes Beispiel ist der Aufzughersteller Schindler. Unter der Vision »Vom Maschinenbauer zum Dienstleister« hat das Unternehmen sich in den letzten Jahren noch stärker auf seine Kunden ausgerichtet. **Schindler** ist heute ein Dienstleister, der Kundenwünsche frühzeitig adaptiert und marktgerechte Service-Leistungen flächendeckend anbietet. Dazu gehört ein höherer Anteil von Mitarbeitern im direkten Kundenkontakt, qualifiziert durch die Interne Service-Akademie. Zusammen mit der dezentralen Organisation hat Schindler den Weg zum Mobilitätsdienstleister konsequent und erfolgreich beschritten. Der Umsatzanteil der Dienstleistungen liegt heute bereits bei über 60 Prozent.

GE Honda Aero Engines, ein Hersteller von Flugzeugturbinen, entwickelte ein ganzes Portfolio an innovativen Service-Angeboten. Besonders spektakulär dabei ist eine Technik zur Fernüberwachung der produzierten Triebwerke während des Fluges. Indem sie selbstbewusst auf Service setzen und sich auf ihrem Markt auch als Service-Führer positionieren, ist diesen Unternehmen der Paradigmenwechsel vom Komponentenlieferanten zum Entwicklungspartner seiner Kunden gelungen.

Service-Verträge bringen Gewinn

Um Ihre Service-Revue auf wirtschaftlich gesunde Füße zu stellen, brauchen Sie einen festen Stamm an regelmäßigen Besuchern – Sie brauchen Abo-Kunden. Es ist ganz gleich, dass deren Sitzplätze gelegentlich frei bleiben, solange sie für den gebotenen Service zahlen. Übertragen auf die Wirtschaft heißt das: Kunden mit Service-Verträgen bieten Ihnen eine hohe finanzielle Sicherheit. Versuchen Sie, deren Anteile kontinuierlich zu steigern!

Bezogen auf die Industrie bieten sich vier Ebenen an:

➤ Ebene 1: Ersatzteil-Service für das Primärprodukt (Bestellung, Lieferung, Installation)

➤ Ebene 2: Austauschmodul-Service (Bestellung, Lieferung, Installation, Altteil-Rücknahme)

➤ Ebene 3: Produkt-Support (Instandhaltung, Entleihung und Miete von Werkzeugen)

➤ Ebene 4: Business-Support (Miete von Produkten und Zubehör, Beratung, Schulung, Finanzdienstleistungen)

Je mehr Kunden einen umfassenden Service-Vertrag abschließen, desto deutlicher steigen Umsätze und Gewinne. Und je maßgeschneiderter und individueller der Vertrag gestaltet werden kann, umso wohler wird sich der Kunde mit dieser längerfristigen Bindung fühlen. Letzten Endes liegt der wirtschaftliche Erfolg aber darin, den Kunden von Ihrer Betreuungs- und Service-Qualität so zu überzeugen, dass er den Vertrag jederzeit gern wieder verlängert.

Vom Wert der Weiterempfehlung

Spitzenunternehmen gewinnen rund 52 Prozent der Kunden durch Weiterempfehlungen. Bei Durchschnittsunternehmen liegt dieser Wert nur bei 17 Prozent – so eine Studie der Mainzer forum! Marktforschung GmbH.

Zwar gelten Weiterempfehlungen loyaler Kunden in vielen Branchen und Unternehmen als eines der wichtigsten Instrumente der Akquisition von Neukunden. Doch der tatsächliche Wert von Investitionen, die in die Stimulierung von Weiterempfehlungen gesteckt werden, konnte lange Zeit nicht berechnet werden. Man begnügte sich mit vagen Annahmen und hatte eine sehr nebulöse Vorstellung von ihrem Effekt. Auch im Rahmen von Analysen des ökonomischen Werts von Kundenbeziehungen wurde die Weiterempfehlung außer Acht gelassen. Dies änderte sich jedoch mit der Dissertation von Florian von Wangenheim, heute Professor für Dienstleistungs- und Technologiemarketing an der Technischen Universität München. In seiner Arbeit »Weiterempfehlung und Kundenwert« entwickelte von Wangenheim im Jahr 2003 ein überzeugendes Modell zur Messung der ökonomischen Bedeutung von Weiterempfehlungen.

Zunächst arbeitet Florian von Wangenheim die wichtigsten Variablen heraus, die einen Einfluss auf die Abgabe von Weiterempfehlungen haben. Dazu gehören unter anderem die Zufriedenheit, die Produktbedeutung und die qualitativ unterschiedliche Wahrnehmung von Marken eines bestimmten Kunden. So können Kunden, die besonders stark in ihrem Markt involviert sind und über eine hohe Innovationsneigung verfügen, mit hoher Wahrscheinlichkeit als

»Agenten« unternehmens- und produktbezogener Informationen auftreten. Es lohnt sich, in die Zufriedenheit dieser Kunden zu investieren, weil diese dann umso mehr Neukunden locken. Entscheidende Bedeutung haben aber auch das sogenannte »situative Involvement« sowie die »Entscheidungsunsicherheit«.

»**Situatives Involvement**« heißt: In der Phase kurz vor und kurz nach der Kaufentscheidung wird ein bestimmtes Produkt oder eine Dienstleistung enorm wichtig für den Kunden. Es finden verstärkt kognitive und emotionale Bewertungsprozesse statt. Danach verschwindet dieses »situative Involvement« wieder. Doch solange es vorhanden ist, kann man es durch entsprechende Marketingmaßnahmen entscheidend beeinflussen und nutzen. Für Sie heißt das konkret: Kunden, die noch frisch unter dem positiven Einfluss des oben beschriebenen »situativen Involvements« stehen, sollten Sie gezielt ansprechen, um Weiterempfehlungen und Neukunden zu generieren. Zum Beispiel über attraktive Empfehlungskampagnen am Point of Sale.

Das Gleiche gilt für die »**Entscheidungsunsicherheit**«, die besonders im Business-to-Business-Bereich eine große Rolle spielt. Damit ist der vom Kunden wahrgenommene Informationsmangel bezüglich eines Produktes mitten im Kauf- und Entscheidungsprozess gemeint. Florian von Wangenheim ist es gelungen, einen Zusammenhang zwischen »Entscheidungsunsicherheit« und Weiterempfehlungen nachzuweisen. Einfacher gesagt: Fühlt sich ein Kunde unsicher beim Kauf, empfiehlt er Sie nicht weiter – fühlt er sich sicher, dann wird er Sie eher weiterempfehlen.

Hier können Unternehmen mit gezielten Maßnahmen gegensteuern und Entscheidungsbarrieren abbauen: mit inspirierenden und aufklärenden Informationsgesprächen, übersichtlichen Informationen, durch Produktdemonstrationen, Funktionstests und Marketing am Point of Sale zum Beispiel. In ihrer Filiale der Zukunft Q 110 in Berlin hat die Deutsche Bank[55] jedes ihrer Finanzprodukte als anfassbare Vorteils-Box ausgestellt. Mit dieser Box kann sich der Besucher an Info-Screens ergänzende Informationsfilme abrufen. Und, wenn er mag, natürlich auch mit einem Berater persönlich sprechen. Diese Maßnahmen führen dazu, dass mehr Kunden zu Weiterempfehlern werden – und neue Kunden für Sie gewinnen.

Ein Beispiel: Wird die Kundenzufriedenheit nur um eine Einheit erhöht, ergibt sich nach von Wangenheims Modell eine verstärkte Empfehlungsaktivität von zirka 0,3 Weiterempfehlungen pro Kunde. Das klingt zunächst einmal nach wenig. Doch rechnen Sie einmal mit einem Kundenstamm von 1.000 Kunden. Daraus ergibt sich zunächst einmal eine erwartete Erhöhung der Anzahl positiver Weiterempfehlungen um 300. Florian von Wangenheim geht von einer »Transformationsrate« von 9,4 Prozent aus. Das heißt: **Aus diesen 300 Empfehlungen resultieren rund 28 Neukunden!**

Noch beeindruckender sind die Zahlen im Segment Business-to-Business: Hier wird bei der Erhöhung der Kundenzufriedenheit um eine Einheit sogar eine Steigerung der Empfehlungsaktivitäten um 0,86 pro Kunde erreicht. Hinzu kommt, dass die »Transformationsrate« bei B2B mit 17,5 Prozent wesentlich höher liegt. Und am Ende können bei einem Kundenstamm von 1.000 sogar 150 Neukunden erwartet werden.

Gutes Beschwerdemanagement bindet Kunden

Oft sind Kunden aber längst nicht so zufrieden, wie Sie sich das wünschen. Dennoch: Heißen Sie jegliche Unmutsäußerungen von Kunden herzlich willkommen. Nutzen Sie alle Möglichkeiten zur Stimulierung von Beschwerden! Denn je intensiver Sie sich mit ihnen auseinandersetzen, umso stärker können Sie Ihre Service-Kompetenz verbessern. Eine große deutsche Bank hat einmal mit einer dicken Zitrone und dem Spruch »Ihre Kritik – unsere Chance« darum geworben, sich zu melden, wenn man sauer auf die Qualität der Dienstleistung ist. Überrascht haben mich einmal die großformatigen Anzeigen einer Stadtverwaltung, die einen zischenden Dampfkessel zeigten – daneben stand in übergroßen Lettern: »Lassen Sie doch mal Dampf ab!« Auch die Nummer der Beschwerde-Hotline war auf dem Anzeigenplakat zu sehen. Und aktuell lädt auch General Motors seine Kunden unter dem Motto »Tell Fritz! What's on your mind?« dazu ein, GM-Chef Fritz Henderson persönlich ihre Meinung zu schreiben. 255 Zeichen stehen dafür auf der eigens gelaunchten Website »tellfritz.org« zur Verfügung.

Ein wichtiger Aspekt von Service besteht darin, Beschwerden von Kunden ernst zu nehmen und ihre Probleme möglichst schnell und nachhaltig aus der Welt zu schaffen. Kurioserweise kann sich hier »Pain« ganz schnell in »Power« verwandeln: Ein exzellentes Beschwerdemanagement bindet laut einer Studie der Ingolstadt School of Management Kunden – und zwar je mehr, desto schneller das Unternehmen auf die Beschwerde reagiert. Die Forscher fanden heraus, dass

➤ unzufriedene Kunden mit einer Beschwerde diese Erfahrung an neun bis zehn Personen weitervermitteln;

➤ 13 Prozent der unzufriedenen Kunden sie an mehr als 20 Personen kommunizieren;

➤ 70 bis 75 Prozent der unzufriedenen Kunden kommentarlos zu Wettbewerbern überlaufen;

➤ jede erfolgreich bearbeitete Beschwerde fünf weiteren Personen weitervermittelt wird;

➤ 54 bis 70 Prozent zufriedengestellter Beschwerdeführer zu Dauerkunden werden und

➤ dieser Anteil bei schneller Reaktion auf 95 Prozent steigt.

➤ Interessant ist hier insbesondere der Aspekt der Weiterempfehlung: Ein unzufriedener (aber wieder zufriedengestellter) Kunde berichtet an fünf weitere! Dieser Marketingeffekt kann gar nicht hoch genug geschätzt werden.

Kunde statt Krise!

Alle reden so sehr von der Krise, dass das Thema Service immer wieder untergeht. Dabei können smarte Unternehmen gerade jetzt mit smartem Service punkten. Das ist nicht nur mein Traum, das ist Realität.

Ich plädiere für »Kunde statt Krise«: Gerade dann, wenn Umsatzeinbußen drohen, bringt eine noch stärkere Konzentration auf den Kunden entlang der gesamten Prozesskette und entlang allen Kundenkontaktpunkten die entscheidende Wende. Das ist nicht nur wesentlich effektiver als etwa eine groß angelegte Werbekampagne, die dafür nötigen Ausgaben halten sich auch in Grenzen und amortisieren sich rasch.

Kunden zahlen auch in Krisenzeiten für Service! 58 Prozent der Verbraucher sind auch bei angespannter Wirtschaftslage bereit, für ein besseres Kundenerlebnis mehr zu bezahlen – das zeigt eine Umfrage des CRM-Anbieters Rightnow@Technologies. Und schlechten Service können Kunden auch in der Krise nicht leiden: Fast 70 Prozent der Deutschen putzen lieber selbst ihr Bad, als unzureichende Service-Leistungen zu ertragen.

Ersparen Sie Ihren Kunden das Putzen. Zaubern Sie lieber einen Service, der Ihnen und Ihren Kunden Spaß macht – und der sie zum Schluss gemeinsam sagen lässt: Wow!

Danksagung

Ich danke …

… Sonja Lencik, Andrea Lemke und Fröhlich PR für die tatkräftige Unterstützung in der Vorbereitungsphase

… Elisabeth Moosreiner für ihre Loyalität und dafür, dass sie den Service-Gedanken tagtäglich für unsere Kunden lebt.

… Anne Jacoby für ihre Servicebegeisterung und ihr Geschick, aus harten Fakten inspirierende Texte zu zaubern

… Evelyn Boos und dem Redline Verlag für den Gestaltungsspielraum und die herzliche, professionelle Zusammenarbeit.

Über die Autorin

Wenn in den Chefetagen großer Konzerne und des Mittelstandes das Schlagwort »Service-Verbesserung« fällt, dann steht ihr Name ganz oben auf jeder Liste möglicher Spezialisten und Berater – Sabine Hübner ist erfolgreiche Unternehmerin und Praktikerin durch und durch. Sie gehört zum Referentenpool »Von den Besten profitieren« und ist Mitglied der German Speakers Association. 2001 wurde sie mit dem »Excellence Award« von Unternehmen Erfolg® ausgezeichnet. 2009 erhielt Sie den begehrten Conga Award – die wichtigste Auszeichnung der Tagungs- und Kongressbranche. Pro 7 bezeichnet sie als »Serviceexpertin Nr. 1 in Deutschland«, und das Magazin Focus zählt sie zu den »Erfolgsmachern«.

Als Rednerin besticht sie durch ihren kurzweiligen, beispielreichen und gewinnenden Vortragsstil. Sie macht Service-Aspekte erlebbar und begeistert nachhaltig für einen veränderten Blickwinkel. Sabine Hübner unterstützt namhafte Unternehmen in der Konzeption und Umsetzung von Service-Strategien. Sie gibt Anstöße zu einer neuen Service-Kultur und einem permanenten Entwicklungs- und Veränderungsprozess. Mitarbeiter, Unternehmen – und vor allem deren Kunden – profitieren von ihrer Kreativität und dem hohen, praxisorientierten Nutzwert ihrer Service-Strategien.

www.sabinehuebner.de

Anmerkungen

1. Vgl. o.A.: Aldi-Angebote und die Arbeitsrechte. In: Süddeutsche Zeitung, 3.2.2009, www.sueddeutsche.de/wirtschaft/342/457004/text/

2. Vgl. Sinus Sociovision GmbH: Trendreport 2008. Die aktuellen Linien der soziokulturellen Entwicklung. Heidelberg 2008, www.sociovision.de/uploads/tx_mp-downloadcenter/Management-Summary_Sinus-Trendreport_2008.pdf

3. Hoffmann, Maren: Mehr Zeit, mehr Lebensqualität. Interview mit Eike Wenzel, Mitglied der Geschäftsleitung des Zukunftsinstituts. In: manager magazin, 4.6.2009

4. Vgl. Sinus Sociovision: Trendreport 2008. Die aktuellen Linien der soziokulturellen Entwicklung. Heidelberg 2008, www.sociovision.de/uploads/tx_mpdownloadcenter/Management-Summary_Sinus-Trendreport_2008.pdf

5. Vgl. Bundesministerium für Familie, Senioren, Frauen und Jugend (durchgeführt von TNS Infratest Sozialforschung): Freiwilliges Engagement in Deutschland 1999–2004. München 2005

6. Vgl. www.saengerbund.de/html/content/04_chorwelt/04_00_aktuelles/start_aktuelles.html

7. Vgl. http://de.wikipedia.org/wiki/Kleingarten

8. Hoffmann, Maren: Mehr Zeit, mehr Lebensqualität. Interview mit Eike Wenzel, Mitglied der Geschäftsleitung des Zukunftsinstituts. In: manager magazin, 4.6.2009

9. Vgl. Sinus Sociovision GmbH: Trendreport 2008. Die aktuellen Linien der soziokulturellen Entwicklung. Heidelberg 2008, www.sociovision.de/uploads/tx_mp-downloadcenter/Management-Summary_Sinus-Trendreport_2008.pdf

10. Vgl. www.DieServiceForscher.de

11. Vgl. o.A.: Teddy kommt nach Hause. In: Süddeutsche Zeitung, 2.7.2008, S. 7

12. Vgl. Feln, D.: Der emotionale Bankkunde. In: FAZ, 23.1.2007, S. 20

13. Vgl. o.A.: Einkaufen nach Gefühl macht glücklich. In: FTD, 13.11.2006, S. 29

14. Vgl. Steinle, Andreas: Luxus all inclusive. In: manager magazin, 26.11.2004, http://www.manager-magazin.de/life/freizeit/0,2828,329703,00.html

15. Vgl. Reichheld, Fred/Seidensticker, Franz-Josef: Die ultimative Frage. Mit dem Net Promoter Score zu loyalen Kunden und profitablem Wachstum. Hanser, München 2006, S. 165

16. Vgl. Prellberg, Michael: Fragen, was die Kunden wollen. In: FTD, 21.1.2009, S. 10–12

17. Vgl. absatzwirtschaft, 1/2009, S. 24

18. Vgl. Simon, Hermann: Hidden Champions des 21. Jahrhunderts. Die Erfolgsstrategien unbekannter Weltmarktführer. Campus, Frankfurt 2007, S. 177–188

19. Vgl. o.A.: Die Discounter-Delle. In: Focus, 24/2008, S. 144

20. Vgl. Haedrich, Holger: Segmentierungskomplexität: Übersicht behalten! St. Gallen, Mai 2009, veröffentlicht für Wikipedia, Stichwort »Marktsegmentierung«

21. Wehner, Josef: Kundenfeedback als Innovationsimpuls. Vortrag, 4. Fachkongress »Kunde im Focus«, IM Marketing Forum, Ettlingen 2007

22. Vgl. www.impulse-gruenderzeit.de/unternehmen/neugeschaeft/269989.html

23. Vgl. www.kleist.org/briefe/033.htm

24. Vgl. Kraif, Ursula (Hrsg.): Duden. Das große Fremdwörterbuch. Herkunft und Bedeutung der Fremdwörter. Dudenverlag, 4. aktualisierte Aufl., Mannheim/Leipzig/Wien/Zürich 2007; Pfeifer, Wolfgang (Hrsg.): Etymologisches Wörterbuch des Deutschen. dtv, 7. erweiterte Aufl., München 2004; Kluge, Friedrich: Etymologisches Wörterbuch der deutschen Sprache. De Gryter, 24. Aufl., Berlin 2002, CD-ROM-Ausgabe

25. Vgl. ServiceBarometerAG: Zufriedenheitsmanagement in Deutschland. Was deutche Großunternehmen von ihren Kunden lernen könn(t)en. Pressemitteilung vom 19.5.2006, München

26. Vgl. Dr. Frank Dornach, ServiceBarometer AG, Kongress »Kunde im Focus«, 13.06.2007

27. Vgl. Seiwert, Lothar J.: 30 Minuten für mehr Kundenbegeisterung. Gabal, 6. Aufl., Offenbach 2009, S.19

28. Vgl. Boris Forstner: Kostenloses Zimmer für WM-Endspiel. Münchner Merkur, 2.7. 2002

29. Information aus einem Vortrag von Klaus Kobjoll, Geschäftsführer Schindlerhof, im Rahmen des 4. Fachkongresses »Kunde im Focus«,13. Juni 2007

30. Vgl. Hübner, Sabine: Service ist das Zauberwort des Erfolgs. Gabal, Offenbach 2006, S. 30

31. Vgl. Horx, Matthias: Future Fitness: Wie Sie Ihre Zukunftskompetenz erhöhen; Ein Handbuch für Entscheider. Eichborn, 5. Auflage, Frankfurt, 2003

32. Vgl. Björlin-Lidén, Sara: Der Einfluss von Servicegarantien auf die Kundenzufriedenheit. Konferenzbeitrag, www.busrep.net/download/deutsch/BjoerlinLiden_DE.pdf; Björlin-Lidén, Sara: The impact of Service Guarantees on Customer Satisfaction. In: Scheuing, E. E./Brown, W. S./Edvardsson, B./Johnston, R.: Quality in Service: crossing boundaries. University of Victoria, Printing and Duplicating Services, Victoria, B.C.

33. http://www.globus-baumarkt.de/garantien

34. Vgl. Blümelhuber, Christian: Kundenorientierung. Der Kunde als Ihr zentraler Wert. Vortrag anlässlich des Tag des Handels 2002, http://129.187.91.16/praxis/vortraege/tagdeshandels_bl.pdf

35. Vgl. Blümelhuber, Christian: Learning from Love and Pornographie. In: Hans-Uwe L. Köhler, Hans-Uwe L.: Sex Sells: Mythos oder Wahrheit? Gabal, Offenbach 2006. S. 23–24

36. Vgl. www.caesar-ritz.ch/index_de.htm

37. http://corporate.ritzcarlton.com/en/About/GoldStandards.htm und »Kunden fürs Leben«, Joseph A. Michelli, Redline Verlag München, 2009

38. Quelle der Abbildung: Bruch, H./Vogel, B.: Organisationale Energie: Wie Sie das Potenzial Ihres Unternehmens ausschöpfen. Gabler, 2. Aufl., Wiesbaden, 2008. Hier übernommen aus: Bruch, Heike/Böhm, Stephan: Organisationale Energie – wie Führungskräfte durch Perspektive und Stolz Potenziale freisetzen. In: Ringelstetter, Max/Kaiser, Stephan/Müller-Seitz, Gordon (Hrsg.): Positives Management. Zentrale Konzepte und Ideen des Positive Organizational Scholarship. Deutscher Universitäts-Verlag, Wiesbaden 2006, S. 170

39. Vgl. 38 Vgl. Kouba, Denise: Kundenzufriedenheit und Mitarbeiterzufriedenheit bei Dienstleistungen. Darstellung der Beziehung am Beispiel des Handels. (Diplomarbeit Berufsakademie Stuttgart 2002). Diplomica, Hamburg 2002, S. 31

40. Vgl. Knut, Bleicher: Das Konzept Integriertes Management. Campus, 7. Auflage, Frankfurt 2004

41. Vgl. Heinrich, Mark/Spengler, Gerrit: Wozu Leitbilder? Wie durch ein Leitbild die gemeinsame Ausrichtung in Organisationen gefördert werden kann. In: OrganisationsEntwicklung, Nr. 2 2007. S. 14–21

42. Vgl. Hossiep, Rüdiger/Frieg, Philip: Der Einsatz von Mitarbeiterbefragungen in Deutschland, Österreich und der Schweiz. In: planung & analyse, 2007, www.testentwicklung.de/Online_Hossiep_Frieg.pdf

43. Vgl. Reichheld Fred, Seidensticker Franz-Josef, Die ultimative Frage. Hanser Wirtschaft, 2006

44. Vgl. Ferrett, Mario/Papmehl, André: Den Kunden als Partner gewinnen. In: salesprofi, 1/2001, S. 25

45. Vgl. Barkawi Management Consultants: »Winning with Service Excellence« (Studie), München o.J.

46. Vgl. Borngräber, Kati: O'zapft is. Spiegel online, 13.12.2005, www.spiegel.de/auto/aktuell/0,1518,387901,00.html

47. Vgl. Tuma, Thomas. Leben auf prächtig. In: Spiegel, 48/2006, S. 123

48. Kritik an diesem Siegel: http://dienstleistungsmarketing-blog.de/archives/70 und www.service-tested.net/tuev_service_tested/

49. Vgl. www.telecom-handel.de/start/home/news/article/versatel-extra-service-fuer-extra-geld-4502.html und www.tarifecheck.de/index.php?rubrik=start&p=news&go=de&land=de&news=Bestens_bedient_4949

50. Vgl. http://boutique.orange.fr/ESHOP_mx_orange/?tp=php& IDCible=1&donnee_appel=FTASN&type=3&code_rubrique=5-606427

51. Vgl. www.heidelbergerdruckmaschinen.de/www/html/de/content/articles/systemservice/service_contracts/overview

52. Vgl. Simon, Hermann: 33 Sofortmaßnahmen gegen die Krise. Wege für Ihr Unternehmen. Campus, Frankfurt/New York 2009, S. 142

53. Vgl. Simon, Hermann: 33 Sofortmaßnahmen gegen die Krise. Wege für Ihr Unternehmen. Campus, Frankfurt/New York 2009, S. 141

54. Vgl. Simon, Hermann: 33 Sofortmaßnahmen gegen die Krise. Wege für Ihr Unternehmen. Campus, Frankfurt/New York 2009, S. 145ff.

55. Vgl. www.q110.de/de/forum_finanzprodukte.html

Stichwortverzeichnis